科特派网课
赋能产业振兴之

柑橘精品课

姜国金　许志鹏　卞雨昕 / 著

重庆出版集团 重庆出版社

图书在版编目(CIP)数据

科特派网课赋能产业振兴之柑橘精品课 / 姜国金, 许志鹏, 卞雨昕著. —重庆: 重庆出版社, 2023.9
ISBN 978-7-229-18021-8

Ⅰ.①科… Ⅱ.①姜… ②许… ③卞… Ⅲ.①柑桔类果树—果树园艺 Ⅳ.①S666

中国国家版本馆CIP数据核字(2023)第178433号

科特派网课赋能产业振兴之柑橘精品课
KETEPAI WANGKE FUNENG CHANYE ZHENXING ZHI GANJU JINGPIN KE
姜国金　许志鹏　卞雨昕　著

责任编辑:谢雨洁
责任校对:何建云
装帧设计:何海林

重庆出版集团
重庆出版社　出版
重庆市南岸区南滨路162号1幢　邮政编码:400061
重庆三达广告印务装璜有限公司印刷
重庆出版集团图书发行有限公司发行
全国新华书店经销

开本:787mm×1092mm　1/16　印张:18.5　字数:360千
2023年9月第1版　2023年9月第1次印刷
ISBN 978-7-229-18021-8
定价:68.00元

如有印装质量问题,请向本集团图书发行有限公司调换:023-61520678

编审人员

主 编

姜国金 许志鹏 卞雨昕

参 编（以姓氏拼音为序）

曹 立 邓 烈 范守城 高冬梅
黄 森 江 东 卢志红 吕 强
冉 春 任杰群 孙 锋 王 帅
许兰珍 杨 艳 易时来 尹旭敏
袁术平 翟长远 张 磊 周 彦
周正科 朱世平

审 稿

姜国金 张 放 黄 森

一转眼，重庆科技特派员网络公开课（以下简称"科特派网课"）已经持续播出了130多期，回首过往，我们认为这是一件非常有意义的工作。

重庆市农村范围广、生态类型复杂、农业对象繁多，为了将新品种、新技术、新产品高效推广到生产一线，重庆市科技特派员协会在重庆市科学技术局的领导下，开展了特派员选派、特派团建设、消费扶贫等大量的帮扶创新工作，但是农业生产时效性和地域性强，传统技术培训的受众面小、复用性差，且成本高，效果往往不太理想。

2020年初，受新冠疫情影响，科技特派员科技下乡工作受阻，春耕在即，复工复产对于科技服务提出了更高的要求，为了实现防疫和复工复产两不误，居家隔离与下乡服务两兼顾，科特派协会邓烈理事长提议参照知名学府"网络公开课"形式，开设科技特派员服务农业技术推广的科技培训视频直播平台，约请市内外科技特派员队伍中经验丰富的一线专家云上传播技术，为促春耕、保生产、防疫情尽自己最大的努力。于是，在缺人、缺钱、缺经验的情况下，"科特派网课"在重庆市"先实验性搞起来"了。当年3月10日晚8：30，西南大学国家柑橘种质资源圃江的东副研究员的首秀"当前主推的几个杂柑新品种"让我们振奋，在半个多小时的知识分享和答疑过程中，直播间吸粉3000多人、访问量1.05万人次，而且45.8%的受众群体来自重庆市外。节目犹如一汪清泉涌向了因疫情封闭几月、几近干涸的农村大地，恰是一股春风将政府的关怀和专家与科技盛宴送到了千家万户，接地气的科技内容、手把手的教授方式和直播答疑的互动场景，使得专家培训有兴趣、农民学习效果好，得到社会各界一致好评。

市科技局分管领导许志鹏副局长关注了"科特派网课"首秀，给予了积极评价，并指示：只有农民有了技术，农业才能更好发展，乡村才能真正实现振兴，要把科技特派员网络公开课这一创新工作作为科技服务"三农"的重要手段和推动技术下乡的长效抓手，持续推进，抓好用好。在农村科技处的关心支持与指导下，很快确立网课由重庆市科技特派员协会主办，西南大学（柑桔研究所）和重庆生产力促进中心承办。"科特派网课"从一开始就秉持"三坚持原则"：坚持公益性原则，每周二晚8:30定期播出、无限制回放；坚持科学性原则，严谨策划、规范制作；坚持精品化路线，由协会协调市内外优秀科技特派员参与授课，建立起优势作物全覆盖、关键技术领域为重点，针对性强、实用性好、容易看懂学会的科技特派员网络公开课体系。

在大家坚持不懈的努力下，截至2022年5月12日，"科特派网课"已播出102期，内容覆盖大宗农产品、经济作物、水果、畜牧、水产和中药材等重庆市主要优势和特色农业产业，涉及品种、种植、养殖、加工、品牌建设和业态创新等全产业链条。总访问量超103万人次，总回放量接近60万人次，在科技兴农、乡村振兴过程中发挥了积极的推动作用，被《科技日报》《农民日报》，以及重庆市新闻联播等媒体多次报导，在2020年12月23日国新办新闻发布会上被科技部领导点名表扬，在2021年底央视农业农村频道《振兴路上》系列节目"科特派来了"中，作为全国科技特派员创新工作典型作了深度报道。

如果说观众看首播是为了能与专家互动，那么看回放，更多的是因为关注某项技术，或某位专家，或出于对技术的切实需求而主动学习，"科特派网课"的回放量占比常年维持在52%以上，也就是说，占半数以上的访问量来源于观众的主动学习，效果显然比传统培训的"填鸭式"被动学习要好得多。同时，从历史的受众数据分析看，约55%的网课观众来自川渝以外的地区，可见，我们的网课有了一定的影响力和较高的实用价值。

为此，在农村科技处的指导下，网课团队遴选出了部分优质的话题，组织授课专家本人在网课的基础上编写内容更加系统、清晰的指导书，力求将网课分享的新品种，以及实用新技术、新模式传播并赋能更多人。本书收录了16个柑橘相关主题的网课内容，希望能从国内外发展形势，以及新品种、新技术、新产品和新模式等五个层面，给大家就新形势下如何发展柑橘产业、提升生产效能、拓展发展业态等提供一些指引。

编者

2022 年 6 月

致敬每一位"科特派网课"参与者

两年多来，在重庆市科学技术局的指导下，重庆市科技特派员协会精心组织，西南大学和重庆生产力促进中心协调市内外优秀科技特派员积极推动，坚持公益性原则，坚持每周二晚8：30定期播出、无限制回放，坚持严谨策划、规范制作、科学发展，建立起优势作物全覆盖、关键技术领域为重点、针对性强、实用性好、容易看懂学会的科技特派员网络公开课体系。在乡村振兴新形势下，"科特派网课"已成为重庆市科技特派员服务"三农"的重要平台，在促进优势特色产业的升级和发展，以及助推乡村振兴、提升重庆市科技特派员工作亮点方面发挥了很好的作用。

"台上一分钟，台下十年功"，在"科特派网课"平台讲过课的专家大都有这样的感叹："备课工作量比平时给农户做现场培训大许多倍""巴不得把几年、几十年的技术积淀和经验心得都掏出来分享给大家"。正是因为专家们的这般潜心投入，才让我们的网课有了推动产业振兴的力量。为此，我梳理了几期网课录、播期间的难忘经历，以致敬每一位授课专家，以及幕后参与网课开发、推动的每个人。

科特派首秀那堂课：提起精品网课，西南大学柑桔研究所江东副研究员在"科特派网课"首秀上作的题为"当前主推的杂柑新品种"的讲演让网课团队至今记忆犹新。在时间仓促、没什么经验的背景下，半个多小时的知识分享和答疑过后，平台竟意外收获了1.05万人次的访问量。"没想到在网上讲农业技术有这么多人看。"是江东老师和网课团队当时的感慨，而观众们一声声"听老师一节课，胜读一年书""把学习变成一种自觉行为""盼以后还有线上学习机会""强烈建议多点这种课程"……，更坚定了市科技局要将"科特派网课"坚持做下去的信心和决心。截至目前，该课的访问量已达到了3.66万人次，也就是说，有超过2.6万人次主动来到直播间观看该课程的回放，可见，网课不仅可以满足果农和技术人员"随用随学"的意愿，还达到了"一次录制，N次使用"、减少专家不必要的精力与成本消耗的目的。

提振信心的代表性一课：兰建彬副教授是重庆文理学院的猕猴桃种植专家，一直非常热心科技特派员工作和技术应用实践。2021年4月13日，他针对猕猴桃溃疡病这个严重威胁着猕猴桃行业发展的毁灭性细菌性病害进行了一次"猕猴桃溃疡病的综合防控"的知识分享，细致的讲解、清晰的照片、直观的实操视频和耐心的答疑，获得了观众们"讲得太好了，留下了深刻的印象""兰老师讲课超认真、细致""讲课与实践视频结合，学习效果更好"等阵阵夸奖，而被刷（免费）礼物、点赞轮番"轰炸"着的直播画面，让有的访客甚至提议"老师，禁言吧，看不到屏幕上的字"，让人感觉这哪里是一场技术分享，分明是直播间来了流量明星。优质的内容赢得了观众们的声声赞誉，而观众的赞誉更刺激了授课专家的神经：2022年4月26日，兰建彬副教授又分享了一课精彩的"猕猴桃省力高效花果管理技术"，而"科特派网课"也坚持每周二晚8：30开播新课，至今已播出100多期，总访问量超101万人次。

线上替代线下的代表性一课：2021年3月2日，由中国农业科学院柑桔研究所果树生理与调控技术领域退休专家邓烈研究员主讲的"柑橘整形修剪技术基础与技巧"开播了。整形修剪是柑橘树优质丰产和持续增效的重要技术和手段，但这又是一项技术难度最高的技巧性作业环节，很多果农都掌握得不好，会直接影响整个产业的提质增效。邓老师这次课程的内容便是围绕柑橘的整形修剪技术进行系统透彻的讲解，让观众"知其然更知其所以然"，在生产实践中能够动得了手，触类旁通。这期网课非常精彩，评论区好评如潮，直播当晚的访问量更是达到了前所未有的近6万人次。这原本是一场1个月前在万州玫瑰香橙示范基地举办的现场培训会的培训内容，一场稀松平常、科技特派员们经常开展的现场培训活动，搬上"科特派"直播间，受众从50多人，飙升到了目前的12.8万人次（含回放和实操课，未来这个数字还将不断上涨），网课的价值可见一斑。

院士名家的代表性一课：2021年12月14日，中国工程院院士、国家农业信息化工程技术研究中心主任、重庆市2021年"三区"科技人才赵春江亮相"科特派网课"，他的讲座"发展智慧农业"，结合团队在大田智慧农业、温室蔬菜智慧生产、畜禽智慧养殖和农业智能信息服务等方面的探索，分享了智慧农业在我国的实践，以及存在的问题与建议。课程中展现给大家的"2人养15000头猪""2人管20万只鸡""2人养5000吨鱼""2人管200头奶牛"智慧养殖场景，让大家长足了见识。该网课直播期间有3.78万人次观看，半年不到的时间，又增加了3.2万人次的回看，"受益匪浅，为我们农业人提供了新思路和新方向"，让大家认识到创新发展的重要性，产生了积极深远的影响。

为表彰先进，创新发展，2022年5月10日，重庆市科技特派员协会组织开展"科特派网课"评优活动。活动本着公平、公正、公开原则，将当时已播出的100期网络直播课相对平均地划分为柑橘、其他果树、蔬菜瓜果、禽畜水产、茶叶/油料/中药材和其他话题共六大产业门类，采用专家背靠背推选、综合专家会议评选和评选结果挂网公示的遴选程序，通过综合评价课程的访问量、点赞量、评论数、回放率、原创性、内容品质和推广价值等指标，评选出了36期网课分获"最佳人气奖""最佳风采奖"和"最具推广价值奖"，在全市科技特派员系统内进行了通报表扬。

目 录
CONTENTS

前　言　001

致敬每一位"科特派网课"参与者　001

01 新形势　001

中国柑橘产业发展形势分析 / 黄　森　002

02 新品种　017

当前几个主推的杂柑新品种 / 江　东　018

柑橘砧木选择、应用及砧穗组合评价 / 朱世平　035

曹立教授讲阳光 1 号橘柚和金秋 / 曹　立　047

03 新技术　069

柑橘树整形修剪 / 邓　烈　070

柑橘靠接换砧技术 / 易时来　117

果园绿肥种植技术 / 王　帅　129

柑橘科学施肥管理技术 / 易时来　141

柑橘黄脉病、衰退病防控技术 / 周　彦　156

柑橘大实蝇绿色防控技术 / 任杰群　167

柑橘病虫害绿色防控技术 / 冉　春　182

丘陵山地橘园无人机植保技术 / 吕　强　190

04 新产品　205

果园精准施药技术与装备 / 翟长远　206

柑橘无病毒容器苗繁育、质量管理及栽植技术 / 卢志红　228

柑橘无废弃加工技术与应用 / 尹旭敏　238

05 新模式　255

乡村振兴背景下家庭农场休闲业态策划 / 高冬梅　256

新技术

01

中国柑橘产业发展形势分析

西南大学/国家柑桔工程技术研究中心　黄　森

编者按

科学的发展观，应该是在"低头走路"的同时，要"抬头看天"。"低头走路"我们做得很好，推动了我国柑橘产业这些年的高速发展，据《农业统计年鉴》记载，仅1983年以来，在不到40年的时间里，我国柑橘的栽培面积增长了8.5倍、产量增长了34倍，极大地丰富了全国老百姓的消费供给。然而，高速发展的背后，产业是否已经暗藏风险，如何进行疏导和优化，需要我们"抬头看天"，以拨云见日，看清行业总体特征，全面了解产业规模、发展趋势、结构调整、市场走向和科技动态，从宏观上把握大格局，指导我们追求新品种、实施新技术、尝试新模式、找到新方向、卖出好价钱，保障整个产业可持续健康发展。

本文作者黄森，农业经济学博士，西南大学柑桔研究所（中国农科院柑桔研究所）副所长、科技咨询中心常务副主任，长期从事柑橘产业技术与经济、经营管理、市场营销和品牌策划等方面的研究，主持或主研过全国柑橘优势区域规划、重庆百万吨柑橘产业开发规划、中国农垦柑橘产业发展报告、重庆市柑橘产业技术路线图编制和中国柑橘产业风险分析与评估等10余项行业分析与产业规划。他的网课《当前中国柑橘产业发展形势分析》，有助于广大业主和生产主管部门看清全球背景下我国柑橘产业的发展形势，通过科学规划、差异化发展，在危机中育新机，于变局中开新局，走出高质量发展之路。

柑橘属于芸香科下属植物，是橘、柑、橙、金柑、柚、枳等的总称。由于柑橘具有产量大、容易栽培、能达到全年供应、种类多样、营养丰富等特点，使得柑橘成为世界栽培面积最大、产量最高和消费量最大的水果。

一、全球柑橘产业发展形势

柑橘果实色、香、味俱全，营养丰富，除鲜食外，还可加工成各种制品，其中橙汁与茶、咖啡齐名，被誉为世界三大饮料。糖水橘瓣罐头、柑橘酱、柑橘蜜饯、柑橘酒、柑橘醋和柑橘果冻等都是人们喜爱的食品。同时，通过综合加工利用，还可利用柑橘果皮、果肉、果渣等原料提取香精、果胶、酒精、柠檬酸、色素和类黄酮、类胡萝卜素等功能性成分以及二氢查尔酮甜味剂等，果皮、果渣经发酵后可制成畜禽的饲料。柑橘还具有很好的药用价值，自古以来，橘皮、橘络、枳实等均是良好的中药材。

正因为柑橘具备如此多的优点，其产生的经济、社会和生态效益显著，广受生产者、消费者欢迎。近几十年来，柑橘产量的增长在世界水果中一直独占鳌头，在目前全世界300多种、总产量达7亿多吨的水果中，柑橘就占1/6以上，这跟柑橘好看、好吃、好种、好储存，以及营养全面、保健功能强等特点是分不开的。

1.1 生产概况

柑橘是世界第一大水果，面积和产量居均各类水果之首。据联合国粮农组织（FAO）的最新统计数据，2019年全球柑橘收获面积达989.85万公顷（14 847.70万亩），产量达15 797.79万吨。21世纪以来全球柑橘生产增长势头不减，除个别年份略有起伏外，基本呈稳步增长态势（见图1），2019年收获面积和产量较2000年分别增加了32.73%和49.00%，年均增长幅度分别达1.64%和2.45%。

全球柑橘生产主要集中在亚洲、美洲和非洲，欧洲和大洋洲生产规模和产量相对较小。其中，亚洲柑橘种植面积和产量约占全球柑橘种植面积和产量的一半，美洲柑橘种植面积约占全球的1/3、产量约占30%，非洲柑橘种植面积和产量约占全球的13%。21世纪以来，美洲和大洋洲柑橘生产表现为不同幅度的萎缩，亚洲、非洲和欧洲柑橘生产表现为不同幅度增长；亚洲和非洲占全球柑橘生产的比重进一步提高，而美洲、欧洲和大洋洲占全球柑橘生产的比重表现为不同幅度降低。

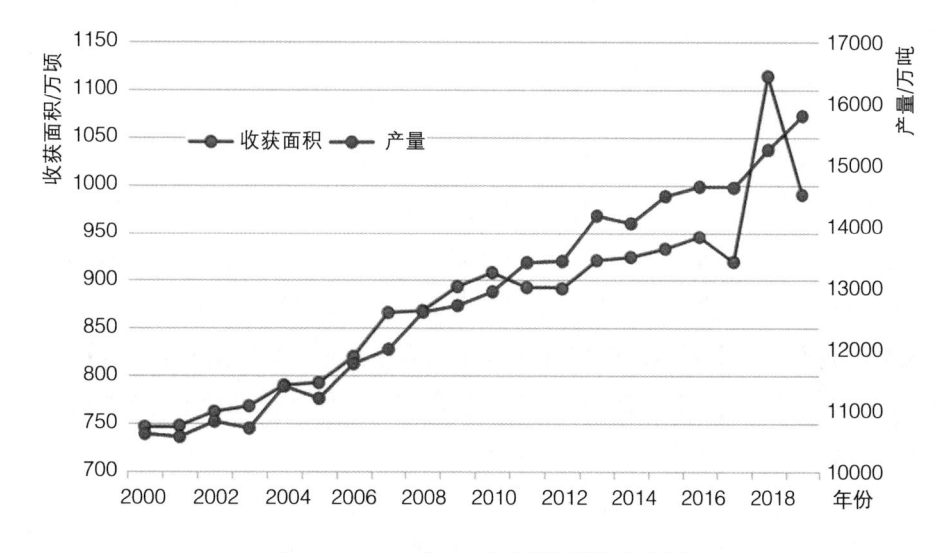

图1　2000—2019年全球柑橘发展变化图

注：数据来源于FAO统计数据

1.2 品种结构

全球柑橘生产以甜橙为主，种植面积占全球柑橘种植总面积的40.1%以上，产量占全球柑橘总产量的49.4%；其次是宽皮柑橘，种植面积占全球柑橘种植总面积的32.7%，产量占全球柑橘总量的22.6%；然后依次是其他柑橘、柠檬、来檬和柚类（含葡萄柚）。21世纪以来全球各类柑橘增长态势不一样，其中，收获面积和产量最大的甜橙面积和产量均在减少，而产量居第二的宽皮柑橘收获面积增幅最大，柠檬、来檬面积产量均有增长；其他柑橘和柚类产量有增长，面积有下降；从产量看，甜橙占全球柑橘生产的比重进一步降低，而宽皮柑橘、柠檬、来檬与杂柑占全球生产的比重进一步提高，尤其是宽皮柑橘占比提高明显。

宽皮柑橘所占比例的增长主要得益于其易剥皮的特性，消费方便。以前在发达国家消费的柑橘鲜果主要是甜橙和葡萄柚，但是，现代生活节奏的加快和社会竞争的日趋激烈，方便食品大行其道，宽皮柑橘因方便食用也受到市场的欢迎，特别是在欧盟国家，以克里迈丁系列为主的宽皮柑橘品种所占的柑橘鲜果市场比例提高较快。中国以砂糖橘、椪柑、温州蜜柑和杂柑等为代表的宽皮柑橘品种，也在近年得到快速发展，推动了世界宽皮柑橘比例的上升。

表1 2019年全球柑橘品种结构与2000年对比

（万亩，万吨，%）

类别	收获面积/万亩	产量/万吨	占全球柑橘生产比重/%		相比2000年占比的增减	
			收获面积	产量	收获面积	产量
甜橙	6090.19	7869.96	41.02	49.82	−8.21	−10.41
宽皮柑橘	4135.33	3544.41	27.85	22.44	5.62	5.11
柠檬、来檬	1839.93	2004.96	12.39	12.69	1.81	2.48
柚类（含葡萄柚）	519.29	928.95	3.50	5.88	−0.35	0.43
杂柑	2262.96	1449.65	15.24	9.18	1.12	2.39
柑橘合计	14847.7	15797.93	100.00	100.00	—	—

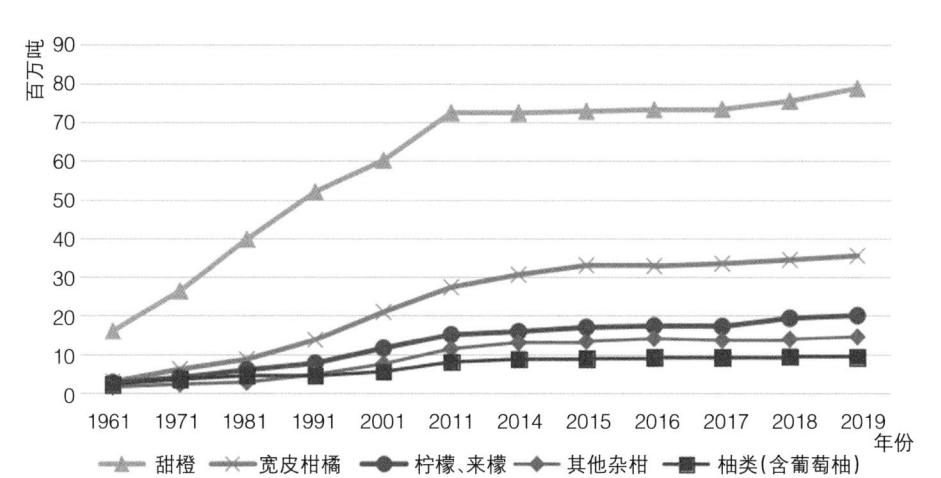

图2 1961—2019年全球柑橘品种结构发展变化图

注：数据来源于FAO统计数据

1.3 市场消费

就全球而言，随着生活水平的提高，人均柑橘消费逐年增长，特别是近一二十年来增长迅速。1995年，世界人均消费柑橘10.4 kg。此后增长速度放缓，到2019年为20.84 kg。柑橘消费市场的增长主要来自发展中国家，一方面是发展中国家的人口持续增长，另一方面是发展中国家的生活水平提高，人均柑橘消费量增长较快，特别是中国、墨西哥、印度和土耳其等发展中的人口大国的人均柑橘消费增长明显，对全球人均柑橘消费增长起了较大的拉动作用。

目前，发达国家的人均柑橘年消费量已经达到35 kg，柑橘消费趋于稳定，进一步增长的空间有限，特别是柑橘鲜果消费的增长在发达国家已极其困难，主要是近年来受到设施栽培的葡萄、桃、樱桃、草莓等小水果的冲击，挤占了部分鲜果市场空间。作为占柑橘加工量90%以上的橙汁产品消费方面，北美发达国家人均橙汁消费量已经达到19升，欧洲发达国家已经达到人均14升，并且多年来基本维持在这一水平，进一步增长的空间也非常有限。加之发达国家的人口数量基本稳定，因此，发达国家未来的柑橘消费将处于相对稳定，市场空间难有增长。

未来世界柑橘市场的增长仍然主要来自发展中国家。2019年发展中国家的人均柑橘消费量约为20 kg，离发达国家人均35 kg的消费量还有相当大的差距，这将是促进世界柑橘消费总量增长的主要动力。

1.4 国际贸易

柑橘是排在小麦、大豆、棉花和玉米之后的世界第五大国际贸易农产品和全球贸易量最大的水果。据联合国商品贸易数据库（UN Comtrade）的统计数据，2019年全球柑橘鲜果贸易总量达3 147.20万吨，贸易总额达283.55亿美元，其中，出口量和出口额分别达1 689.17万吨和139.02亿美元，进口量和进口额分别达1 458.04万吨和144.52亿美元。

全球柑橘鲜果贸易以甜橙为主，其次是宽皮柑橘及杂柑，柠檬、来檬和柚类也占一定的比例，其中，甜橙贸易量约占39.07%，宽皮柑橘及杂柑贸易量约占34.82%，柠檬、来檬贸易量约占18.55%，柚类贸易量约占7.55%。2019年全球甜橙、宽皮柑橘、柠檬、来檬和柚类出口量分别达576.25万吨、513.54万吨、273.55万吨和111.39万吨。

2019年出口柑橘的国家和地区共119个，其中，出口量在100万吨以上的仅西班牙、南非、埃及、土耳其和中国等5个国家，出口量分别为西班牙

392.69万吨、南非208.62万吨、土耳其201.18万吨和埃及183.34万吨和中国101.41万吨。进口柑橘的国家和地区共114个，其中，进口量在100万吨以上的有俄罗斯、美国、荷兰、德国和法国等5个国家和地区，进口量分别为俄罗斯169.40万吨、美国130.36万吨、荷兰109.99万吨、德国107.71万吨和法国106.49万吨。

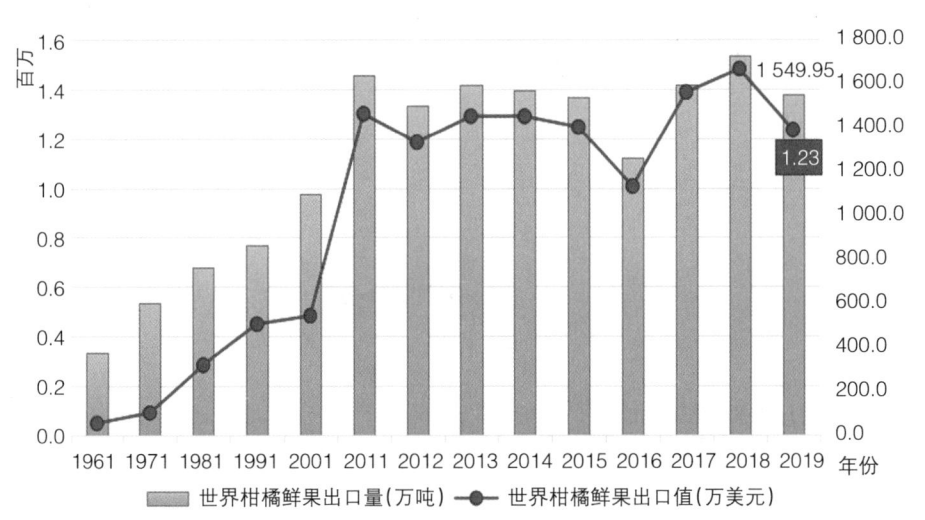

图3 1961—2019年全球柑橘鲜果贸易变化图

注：数据来源于FAO统计数据

二、中国柑橘产业发展形势

2.1 总体形势

我国是全球柑橘生产第一大国。改革开放后，尤其是20世纪90年代末期以来，我国柑橘生产发展迅速，目前已成为我国面积和产量最大的水果。据国家统计局统计数据，2019年我国柑橘生产面积和产量分别达3925.9万亩和4584.54万吨，分别占我国园林水果总面积和总产量的21.32%和17.4%，面积和产量位居我国各类水果之首，约占全球柑橘总面积和总产量的26.44%和29.02%。

进入21世纪以来，我国柑橘面积、产量相继跃居世界首位。虽然我国已成为世界柑橘生产第一大国，但要成为柑橘生产强国，仍有相当挑战性。加入WTO后，来自全球柑橘强国的市场竞争更加激烈，我国仍处于从计划经济向市场经济转型时期，政府正推动以市场驱动配置资源的简政放权过程中，加之科技水平整体仍然落后于发达国家，靠廉价劳动力和土地资源获得红利的优势正逐步减退，同时因过度发展伴生了环保和食品安全等问题。因此，针对上述问题，基于我国有区域生态多样性和中西部地区劳动力资源相对优势，加之扶贫攻坚的政策优势，加快提升科技研发水平，向科技借力（目前我国柑橘科技成果转化率至少落后美国25个百分点），不断完善柑橘产业保障体系建设步伐，才能推动我国柑橘生产强国迈进。

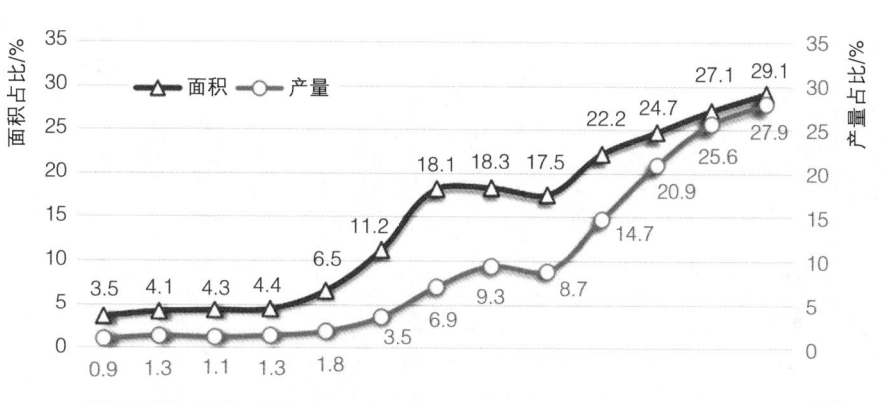

图4　中国在全球柑橘产业中的比重变化

注：数据来源 FAOSTAT

2.2 品种及区域结构布局

我国是世界柑橘起源中心之一，栽培种类和品种丰富。长期以来，以橘为主的宽皮柑橘生产是我国柑橘产业的最大特点，并使我国成为全球最大的、最具特色的宽皮柑橘生产国。据联合国粮农组织统计数据，我国宽皮柑橘和柚类在全世界占有重要地位，其中，宽皮柑橘产量占全球宽皮柑橘产量的50%以上，柚类产量占全球柚类（葡萄柚）产量的65%左右。

我国过高的宽皮柑橘比例，因其不耐贮运、不能加工橙汁、季产年销，往往带来产季的销售压力和产区运输压力，显著影响果品销售和产地价格，最终影响果业产值与效益。

从各省（区、市）的生产情况看（图5），除港澳台外，我国有19个省（自治区、直辖市）生产柑橘，其中，广西、广东、湖南、湖北、江西、四川、福建、重庆和浙江等9个省（区、市）柑橘年产量在100万吨以上。

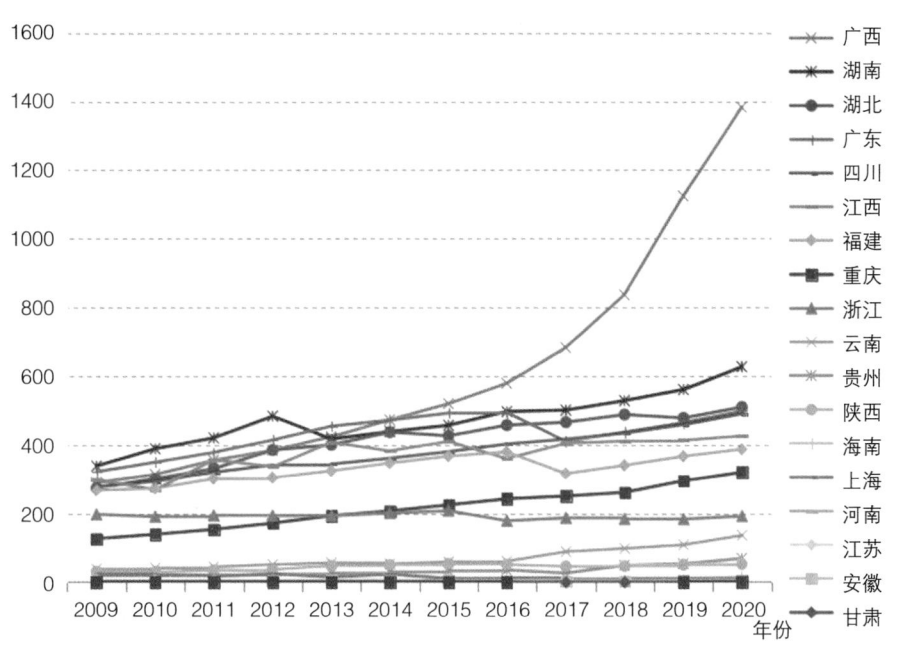

图5　近十多年来国内各省区柑橘发展趋势图

2.3 柑橘市场形势

随着我国柑橘种植规模和产量迅速增加，市场供给也由过去的供不应求逐渐演变成为市场饱和，出现了区域性、季节性过剩，"卖难"问题此消彼长。受影响的不仅有传统种植的大宗产品如温州蜜柑、甜橙，就连极具区域特色的小品种如南丰蜜橘、黄岩蜜橘、金柑等在个别年份也出现了不同程度的滞销价跌现象。除了一些异常事件如2005年的"染色橙"风波、2008年的"蛆柑"传言等引起的柑橘大面积恐慌性滞销外，近年来我国各地上演的柑橘"卖难"现象主要与果品质量参差不齐、区域性规模过大和上市集中等因素有关，无论是早熟、中熟还是晚熟品种，凡质量好、规模适中，都能卖得出去，而且都能卖个好价钱；反之，品质差，规模过大，就会出现价低滞销现象。

易剥皮是宽皮柑橘最大的特点，也是备受消费者欢迎的重要原因。20世纪我国发展的宽皮柑橘主要以温州蜜柑、红橘和椪柑为主，以及一些地方品种，如砂糖橘、南丰蜜橘、黄岩蜜橘、朱橘等，并形成了较大的、在国内外市场上有一定影响力的主产区。近年来，小果类的砂糖橘、南丰蜜橘发展迅猛，发展范围已突破原产地，在广东、广西等地大面积发展；而从国外引进的杂柑品种，经过十多年的栽培摸索，也在一些地区大规模发展，并取得了良好的经济效益，如沃柑、W.默科特、清见、春见、不知火、爱媛38号、明日见等。另外，中国农业科学院柑桔研究所近年新选育出的一优质杂柑品种如金秋砂糖橘、无核沃柑、阳光1号橘柚等也受到了市场的追捧，在广西、云南等地得到了较大面积的快速推广。从市场销售价格来看，由于宽皮柑橘大多不耐贮运，一旦遇到集中上市和其他一些因素影响，价格波动较大。总体来看，温州蜜柑价格普遍较低，在集中产区，近几年产地收购价多在1.20~2.40元/kg间波动；椪柑价格稍高，在2~3元/kg间波动；南丰蜜橘价格与椪柑差不多，而砂糖橘价格则相对较高，大都在3元/kg以上；新发展的一些杂柑品种，由于上市还较少，尤其是晚熟品种或通过延迟采收技术，在2—5月采摘上市，价格走高，如四川蒲江、丹棱等地3—5月采摘上市的清见、不知火等收购价格近几年基本上都保持在8元/kg以上。

我国是全球柑橘生产大国，由于加工业的滞后和国际市场上加工品消费持续乏力，我国95%以上的柑橘需要通过鲜果消费的形式进入市场。随着社会经济的快速发展，人民生活水平不断提高，虽然为我国柑橘消费提供了庞大的市场空间，但也对果品质量提出了更高的要求，市场竞争更加激烈。尤其是随着生产资料和劳动力价格的持续上涨，柑橘生产成本特别是小果类柑橘生产采摘成本不断增加，柑橘果品价格上涨是必然趋势。不过，在调整结构、差异化发展、错峰上市等问题没有得到很好解决的情况下，短期内我国柑橘产业整体效益仍将难以得到大幅提升。

2.4 我国柑橘国际贸易形势

在国际市场上，种类繁多的宽皮柑橘是中国柑橘果品的最大特色，也是我国出口的主要柑橘种类。2019年我国出口柑橘鲜果101.41万吨，出口额12.71亿美元，出口量位于西班牙、南非、土耳其和埃及之后居全球第五位。其中，宽皮柑橘（含杂柑）出口量最多，其次是柚类和甜橙。从国内各省（区、市）出口柑橘数量来看，地处沿海具有口岸优势且主产柑橘的福建、广西和广东是我国3个柑橘出口大省，另外，具有口岸优势的云南，近年来柑橘出口量也快速增加。

三、中国柑橘产业链发展形势

改革开放后，特别是农业部发布实施《全国柑橘优势区域发展规划》以来，我国柑橘产业得到快速发展，产业效益总体趋好。加入WTO后，我国柑橘产品竞争力有较大提升，出口比例不断增长，其中橘瓣罐头和鲜销柑橘占世界出口的比重分别增长了10个百分点和5个百分点。

3.1 产前种源工程建设与布局

2003年农业部发布柑橘优势区域规划，整体规划我国柑橘产业向最适生态区的四条优势带和特色基地集中，2008年发布修编优势布局规划。在抓好种源工程的原则指导下，2000年农业部在中国农业科学院柑桔研究所和华中农业大学分别建设了"国家柑橘苗木脱毒中心"和"国家果树脱毒种质资源室内保存中心"，并相继在全国建成了柑橘良种无病毒三级繁育体系，形成了100余个现代柑橘良种无病毒苗木繁育场（中心），年繁育能力约1.2亿株，为实现规划中调优结构奠定了良种基础。为保持品种改良的可持续性，2002年农业部在中国农业科学院柑桔研究所和华中农业大学分别投资建设"国家柑橘品种改良中心"和"国家柑橘育种中心"，随后又在湖南农业大学和浙江省农业科学院柑桔研究所分别投资建设"国家柑橘品种改良中心长沙分中心"和"国家柑橘品种改良中心浙江分中心"，近年在柑橘基因组学研究取得了可喜成就。其间，"柑橘优异种质发掘、创新与新品种选育和推广"和"柑橘良种无病毒三级繁育体系构建与应用"成果分别获得2006年度和2012年度国家科技进步奖二等奖。特别是2007年科技部依托中国农业科学院柑桔研究所和重庆三峡建设集团，建设"国家柑桔工程技术研究中心"，随后2014年又依托赣南师范大学和江西绿萌公司建设"国家脐橙工程技术研究中心"，种苗繁育等工程技术的转化进一步得到强化。

近十年来，我国引导宽皮柑橘比重调减和甜橙比重调增，各调整了7个百分点，并大力推广早熟和晚熟品种，使我国柑橘熟期延长了5个月，基本形成了周年有鲜果供应的格局，虽然中熟仍占75%，但比例下降了20个百分点。此外，部分地方特色品种如江西南丰蜜橘、广东沙糖橘、福建琯溪蜜柚和芦柑、四川安岳柠檬、广西金柑等和引进的杂柑品种如不知火、天草、清见、爱媛38吨、W.默科特、沃柑等得到了快速发展，部分地区药膳橘皮产业亦得到长足发展。

3.2 产中标准化工程建设与布局

长期以来，我国柑橘园规模小，农户组织化程度低，导致科技成果转化难、单产低和商品化率低等问题。在优化布局和应用良种基础上，农业部2009年启动标准园建设工程，集成推广良种良法配套新技术，如节水灌溉、营养诊断配方施肥、生草栽培、病虫害综合防治、完熟栽培和良好农业规范（GAP）等，在全国建设了百余个柑橘标准园，起到了良好示范带动效应，同时带动了信息化和质量安全体系建设。为保护优势区域的安全生产，2007年农业部又在重庆启动了首个柑橘非疫区示范建设工程，并在中国农业科学院柑桔研究所投资对"农业部柑橘果品与苗木质量监督检验测试中心"开展二期建设，已制定颁布50个以上的相关国家、行业和企业标准。通过上述产业化建设，优势区域栽培水平显著提高，单产大幅提升，优质果率提高了20个百分点。

在产中环节，随着国家建设的柑橘产业技术体系的介入，机械化程度（特别是丘陵山地小型农机具的研发）有所提升，科学化投入劳动力、农药、肥料，通过叶面营养诊断、肥水一体化、病虫害综合防治等技术措施，以期达到"标准化、省力化和无害化"要求，同时减少浪费和污染。中国近期制定的新"四化"社会发展目标之一是信息化，柑橘产业发展亦需要趁势向信息技术借力，不但在产前、产中阶段需要溯源、预警系统和远程控制系统，即使是产后商品化处理和销售阶段也需要光谱等信息技术，以实现无损伤检测和质保溯源等。

3.3 产后市场化工程建设与布局

随着良种良法的应用，柑橘采后商品化处理及加工业也得到蓬勃发展，橘瓣罐头加工产业实现了西进发展，橙汁加工业也异军突起，优质橙汁产品占据我国橙汁高端市场，特别是以派森百品牌为代表的非浓缩鲜榨橙汁的高档质量和营销模式，给我国橙汁产业的发展奠定了良好的发展基础。另外，以柑橘为原料生产的柑橘酒、柑橘醋、柑橘茶及柑橘精油等精深加工业也开始起步。其间，"柑橘加工技术研究与产业化开发"成果获得2006年度国家科技进步奖二等奖。

长期以来，我国以早中应对滞销现象，各地对熟宽皮柑橘鲜销为主，区域性和季节性滞销现象时有发生。为提升品牌效应，各地对品牌保护和宣传力度不断加大，秭归脐橙、阳朔金柑、常山胡柚、平和琯溪蜜柚、万县红橘、垫江白柚、城固蜜橘等7个柑橘品牌荣登2011年消费者最喜爱的100个中国农产品区域公共品牌榜，赣南脐橙、南丰蜜橘、奉节脐橙、衢州椪柑、广东沙糖橘、福建芦柑、柳城蜜橘、重庆晚熟柑橘等已成为我国柑橘果品占领国内市场、走向国际市场的重要品牌。此外，近年晚熟杂柑发展迅猛，有的县如广西武鸣发展沃柑近百万亩。

3.4 全产业链组织化工程建设与布局

我国自改革开放以来，农村实行土地承包制，农民有土地使用权，但无法人资质，类似无资质的松散企业化管理模式，绝大多数农户责权意识模糊，虽有船小好调头的优势，但面临选择难和市场竞争力弱的双重劣势，既难形成规模效应，更难形成国际竞争力。"入世"后通过发展具有法人资质的柑橘龙头企业和各类生产者协会等合作组织，柑橘生产的营组织化程度得到提升，增强了产品选择定价能力，各类协会（合作组织）经过一段时期的量变发展后，信用社—供销社—合作社需"三合一"的发展趋势明显。在已具较大规模的产区，采后商品化处理企业有千家左右，大多规模小带动能力不强，但当前他们正历经量变阶段，小生产大市场矛盾在逐步缩小，预计伴随更多社会资金的介入（经营股或联盟等形式），进入柑橘产业的企业会得到蓬勃发展。

我国柑橘优势区内有各类柑橘协会（分会）或合作经济组织2000余个，通过他们探索小农户与大产业、小基地与大市场紧密结合的农村生产经营机制创新改革，如浙江忘不了柑橘合作社、重庆友谊柑橘合作社等一批农民合作组织，柑橘生产的组织化程度进一步提高，农民应对市场风险和接轨市场的能力逐年增强。"合作社+超市""公司+基地+农户""公司+合作社+基地"等产供销一体化或有组织的托管发展模式在不同区域得到探索实践，全国柑橘产区相继涌现了一批出口基地县和出口导向型的产业化龙头企业，如重庆三峡建设集团、安远农夫基地果业有限公司、浙江皇冠集团、湖南熙可罐头厂、湖北秭归屈姑食品公司、广东杨氏南北鲜果有限公司等。

3.5 产业链延伸工程建设与布局

近十年，在浙江台州、广东新会、湖北宜昌等地，相继投入建设中国柑橘博物馆、陈皮文化博物馆、中国三峡柑橘博物馆等；重庆北碚正加紧筹建中国柑橘科技博物馆，当地具有悠久栽培历史的柑橘文化正在得到社会关注。各地以柑橘果园为基础的观光果园、庄园综合体等方兴未艾，柑橘果园的休闲文化功能得到进一步拓展。

这些柑橘庄园综合体将深度挖掘柑橘产业生态、休闲、文化和非农价值，以现代柑橘庄园、柑橘产业基地、柑橘科技博览园、美丽乡村等为载体，利用柑橘产区的绿水青山、田园风光、乡土文化资源优势，开发当地特色文化资源，发展休闲度假、创意农业、农耕体验、乡村手工艺，推进柑橘产业与旅游、教育、文化、健康养生等产业深度融合，实现农业从生产向生活生态、从物质向精神文化功能的拓展。

作者简介

　　黄森，博士，副研究员，西南大学柑桔研究所（中国农科院柑桔研究所）副所长，科技咨询中心常务副主任，重庆市科技特派员协会副理事长、重庆北碚国家大学科技园柑橘所分园主任。参加成果获国家科技进步二等奖1项，主研（第三）成果获重庆市科技进步二等奖1项。发表论文14篇，其中7篇为第一作者。发表《中国柑橘生产风险研究》专著1部，主编著作2部，参编著作5部。

　　主持完成了"中国农垦柑橘产业发展报告""早熟加工甜橙高效安全生产关键技术集成研究与应用""重庆市柑橘产业技术路线图编制""重庆市柑橘产销形势分析及对策建议""中国柑橘产业风险分析与评估""忠县哈姆林甜橙适应性评价与对策建议"和"柑橘技术培训规范研究"等10余项省部级项目和20余项横向合作协同创新项目，曾参加（或主持）全国柑橘优势区域规划、重庆百万吨柑橘产业开发规划、江西赣南柑橘产业发展规划、四川广安市柑橘产业发展规划等产业发展规划项目15个；曾参加和主持国家柑橘品种改良中心、柑橘无病毒良种苗木繁育基地、现代柑橘果园、柑橘贮藏与果品交易市场和柑橘深加工厂等基地建设可行性研究项目30个以上；曾参加现代柑橘果园建设规划设计项目多个，面积达20多万亩。

　　专业特长：柑橘产业经济管理与项目管理。

新品种

02

当前几个主推的杂柑新品种

西南大学/国家柑橘果树种质圃（重庆）　江　东

编者按

　　杂柑品种在基因构成上往往有柚、甜橙的基因渗入，它们在香气、风味、耐贮运、抗病性和生产性能方面，往往都优于常规品种，因此杂柑品种这些年发展得很快，优良的杂柑品种未来也一定会受到社会大众追捧。本文作者江东研究员是国家柑橘果树种质圃（重庆）负责人，在柑橘种质资源收集、保存、鉴定评价、种质创新及利用，以及重要功能基因挖掘等方面开展了大量卓有成效的研究工作，获得许多重大发现。先后组织审定柑橘品种6个，其中审定的沃柑、大雅柑、华美7号、少核默科特、塔罗科血橙新系在国内的推广面积已超过100多万亩。他的网课《当前几个主推的杂柑新品种》选取了几个目前国内生产上热推、比较适宜川渝晚熟柑橘产区发展的杂柑新品种，就其品种特性、优缺点及其生产栽培注意事项等进行了细致的介绍，对指导广大业主建园时选择品种、生产进行中趋利避害具有很好的指导意义。

一、杂柑的概念与市场前景

杂柑是宽皮柑橘与橘、柚、橙等多次杂交产生的易剥皮类柑橘品种的统称，这并不是植物学分类的概念，而是目前生产中对优良的宽皮柑橘杂交后代给予的一个统称。由于杂柑品种在基因遗传构成上往往具有柚、甜橙的基因渗入，因此杂柑有更好的果实香气和风味，其果实也变得更大或更耐贮运，植株的抗病性和生产性能均有所提高。目前我国柑橘栽培面积中60%以上是宽皮柑橘。对宽皮柑橘的不断改良、培育优良杂柑品种，不仅是全世界柑橘发达国家的一个重要育种方向，也是我国柑橘育种和品种结构调整的重要方向。目前我国柑橘生产中广泛种植的春见、不知火、红美人、大雅柑、沃柑等均属于杂柑类品种。在未来我国柑橘产业品种结构调整中，杂柑将扮演越来越重要的角色。

我国柑橘生长所处的地理位置和气候与东亚的日本、韩国等国家非常类似，均分布在北纬32度以南的地区，宽皮柑橘占柑橘种植面积的绝大部分（约65%）。从东亚柑橘种植国家的品种发展历史来看，温州蜜柑等一些低糖、不耐储运、品质较差的宽皮柑橘会逐渐被高糖、耐运输、品质优良的杂柑品种所取代，高糖优质杂柑已经成为未来柑橘品种发展的方向，我国也在不断加强杂柑品种的引进和自主培育，以满足生产的需要。由于杂柑品种综合了甜橙、宽皮柑橘、柚等多种类柑橘的优点，因此优良的杂柑品种在未来一定会受到社会更多关注。

二、当前几个主推的杂柑新品种

下面就目前国内主推的几个杂柑品种进行介绍，这些品种比较适宜在川渝两地的晚熟柑橘产区发展。

2.1 明日见

明日见是1992年日本果树研究所兴津柑橘支场育成的杂柑新品种，该品种由春见与兴津46号（甜春橘柚×特洛维塔）杂交而成，兴津46号具有特洛维塔甜橙的香味、雄性不育特性，春见也称耙耙柑，是川渝地区广泛种植的杂柑品种，该品种肉质细嫩化渣，汁多味甜，果皮宽松易剥，晚熟，丰产性极强，但果皮软不耐贮运，生产中往往需要通过套袋或设施栽培才能安全越冬，其口感良好、种子为单胚，因此用兴津46号为母本可大幅提高杂交育种效率。2011年8月，该品种在日本进行了品种登记申请，2012年，以"Asumi"为名进行品种登记。2011年国家柑橘果树种质圃（重庆）从日本引进了该品种。为改良春见的弱点，日本将具有甜橙和橘柚血缘的兴津46号与春见进行杂交，使得果实的硬度和耐贮运能力大幅提高，而果实品质仍保持了春见的细嫩化渣，预计该品种的发展前景会超越春见，故取名为明日见。与春见杂交获得的明日见具有甜橙、柚和宽皮柑橘三者优良基因的聚合。该品种在引进重庆后，通过高换嫁接在甜橙中间砧上，经过多年的观察评价，发现明日见果实品质优良、成熟晚，具有比春见更好的果皮硬度，近年逐步向生产中进行推广。

图1　明日见果实

明日见的树势强健，树形开张呈圆头形，其枝条发梢能力较强，春、夏、秋季均易抽发旺长枝梢，枝梢的节间较长，同时枝梢顶端分生组织的生长势较强，腋芽处不太易产生分枝，而芽尖不容易自剪，因此枝条的持续生长能力强，夏梢的长度若不加控制，可以达到1m以上，这与植株体内的生长激素含量较高有一定的关系，这也导致后期果实基部转色变得困难，尤其是果梗处部位的果皮褪绿较慢。由于枝条的生长势强，枝条基部的刺多且长。但随树龄的增长，春梢上的刺会逐渐变短。由于抽梢容易，幼树期容易形成树冠，但过长的枝梢，挂果以后容易形成下垂枝，使得果实靠近地面，容易导致果面污染或产生病害，因此控制枝条长度、适时剪短显得尤为关键。通过修剪促发分枝，形成高光效的树形结构有利于产量的提升和品质的改善。成年树在结果以后需要于树冠中央立柱位置对过长的枝梢进行绑定，这也是生产中重要的农事操作之一。

明日见果实呈高扁圆形，单果重150~200 g，果皮薄且较光滑，果皮橙色，包着紧，靠果柄处的果皮较容易剥离，而靠近果顶处的部位由于与果肉黏连较紧，不太易剥离。果皮不浮皮，果实硬度大，耐贮运。果肉深橙红色，肉质脆嫩化渣，富含香气，无核（混栽有1~5粒种子），汁多味浓，风味浓甜。该品种最佳品质是在2月上中旬，可挂树到3月下旬。可溶性固形物高达18.2%，最高的可以到20%，可滴定酸约为1.0%，可食率85.85%，出汁率55.20%，品质极优。在露地栽培环境下，果实基部位置的果皮转色较慢，因而在果皮上常残留绿色斑块，影响果实的商品外观。该品种由于果皮薄且生长发育期的果皮较硬，生产中的主要问题是9—10月份的果实膨大期易产生裂果。

明日见的果皮薄而紧，在果实膨大期（通常为每年9—10月份）遭遇极度干旱后，果实的白皮层容易产生内裂，从外面上看果实凸凹不平，果面变得粗糙，且变得难以剥皮。若干旱后又遭遇暴雨，果实因为吸水过快过多，果肉的膨压大于果皮的张力，进而产生裂果，带来严重的产量损失。另外该品种对柑橘溃疡病比较敏感。鉴于这些原因，建议明日见在设施中进行栽种，这样可方便土壤湿度的控制，减少裂果和病虫害的发生，同时也利于果皮的着色。

2.1.1 主要优缺点

明日见的优点有以下几点：（1）果肉肉质脆嫩化渣，口感类似不知火或甘平，糖度高，风味浓甜，可食率高，品质优良，深受广大消费者喜爱。由于该品种果肉中β-隐黄质的含量与兴津温州蜜柑相近，因此果肉颜色呈现浓橙红色。β-隐黄质是一种非常重要的生理功能活性物质，是天然的类胡萝卜色素，也是维生素A的前体物质。维生素A是人体维持正常代谢和生理功能所必需的脂溶性维生素，对治疗夜盲症和干眼病有很好的作用。另外β-隐黄质还具有较强的抗氧化活性。（2）明日见对土壤和气候的适应范围较广，抗寒能力较强，在川渝两地晚熟柑橘产区发展，不必像春见、大雅柑在越冬时需要进行果实套袋，这样能够大幅节省果实套袋的人工成本。（3）在露地栽培条件下，容易获得高糖。加之明日见的果实大、品质优良、成熟时间正值春节前后，因此该品种具有很高的商业价值和发展空间。（4）该品种对疮痂病抗性较强，田间防病的压力较轻。

明日见的缺点也是非常明显的，主要表现在：（1）幼树枝梢旺长，刺长且多，不便于树体管理和修剪。（2）由于果皮薄且紧，遇极度干旱，果实白皮层易产生内裂，除了变得难以剥皮外，果实的货架期也会缩短。果实容易裂果，因此在果园建设过程中，往往需要配套建设灌溉施肥一体化的水肥系统，通过精准灌溉来减少裂果发生，这样增加了建园成本。（3）明日见对溃疡病较敏感，控制溃疡病的药物防治的成本较高。（4）有大小年结果现象，需要适当控制挂果量。

2.1.2 栽培技术要点

（1）在生产中发现，利用强势的砧木如香橙、红橘等嫁接明日见，前期幼树生长快，有利于树冠的快速形成，但初结果的幼年树，由于挂果量少，果实对水分、营养的吸收较快，在9—10月份非常容易产生裂果。而用枳做砧木，不仅能缓解树势，可使树势变得中庸，对早结丰产和减少裂果均有好处。同时用枳做砧木，还可进一步提高果实糖度。但枳砧容易导致树势衰弱，易形成大小年结果，需要通过适当的水肥管理和控制产量来维持树体的持续生产。

（2）明日见在幼树期需要及时控制枝梢长度，通过短剪促进分枝，形成良好的树形结构；或通过弯枝来促进侧枝的发生，也可通过喷施细胞分裂素、芸苔素内酯来促进侧枝发生。主枝上若能产生更多的侧枝，产量就会有较大的提高。

（3）明日见以有叶单花为主，其自然座果率较高。但由于其雌蕊呈淡黄白色，花药的育性不高，故在花期可通过喷施BA+GA+0.5%磷酸二氢钾+0.5%尿素进行保花保果，提高座果率。

（4）通过合理施肥提高果皮的厚度来减少裂果，也是控制裂果的一项重要措施。在4月下旬的末花期可土施过磷酸钙或者钾钙宝来补充钙肥，在8月中下旬土壤增施高钾复合肥和钙肥进一步增厚果皮。在果实膨大期加强土壤水分管理，通过田间生草或者树盘覆盖保持土壤湿度均一，也可有效减少裂果的发生。

（5）利用设施进行避雨栽培，不仅可以提高果面颜色，减少裂果，同时也有利于溃疡病的防控。

2.2 明日行

1992日本果树研究所兴津柑橘支场（现为日本国家农业科学研究所水果茶业研究部），利用春见与兴津46号（甜春橘柚×特洛维塔）杂交而获得的杂柑新品种，兴津46号具有特洛维塔甜橙香味、雄性不育、口感良好，且种子为单胚，以其做母本显著提高了柑橘的杂交育种效率。明日行与明日见系姊妹系品种，两者的父母本均相同，因此在许多性状上两者的相似度极高，田间性状上难于分辨。从2006到2016年，在日本对该品种进行了多次的适应性和特性测试，2016年日本以"Asuki"为名进行了品种登记。

图2　明日行

明日行树势较旺，但比明日见弱，更适中。树形、枝梢的生长习性等与明日见都非常相似。枝梢的节间较长，顶端优势明显，春梢芽尖不易自剪，枝条的持续生长能力较强，不容易产生分枝。枝条上的刺比明日见小且短。在树形管理和修剪上宜采用与明日见相同的措施，通过剪短或喷施芸苔素来促进侧枝的发生，加快树冠形成，实现高光效丰产树形。由于明日行的树势中庸，其大小年结果程度较轻。

明日行果实较大，单果平均重230 g，果皮橙色，果皮比明日见相对更厚，果皮厚0.40 cm，剥皮性中等至稍难，也可徒手剥皮。果皮包着较紧，不太易产生裂果和浮皮，但遇到极端干旱，果皮白皮层也容易产生内裂，从而使得果皮凹凸不平，降低了果实的商品外观。明日行的果肉含糖量较高，风味酸甜可口，可溶性固形物可达16%，比明日见稍低，可滴定酸含量0.73%。在自然授粉条件下，平均每果有7粒种子，几乎很少有无核果实。果实成熟晚，由于果实的酸度比明日见高，故采收时间比明日见更晚，最适采收期以重庆北碚地区为例，是在3月上旬。溃疡病发生比明日见轻，疮痂病的防控压力较轻。

2.2.1 主要优缺点

明日行的树势中庸，比明日见更容易获得产量，其果皮比明日见更厚，因此不太容易产生裂果，栽培难度明显比明日见轻。该品种适应土壤和天气条件的范围很广，果实在冬季温暖的地区种植，不需要套袋，能够节省大量的人工成本。果实成熟期正值3月，也是果实销售的高峰期。加之其果实的糖度高，品质与明日见一样，属于高糖品种，肉质细嫩化渣，深受消费者喜爱。生长的区域与春见等晚熟杂柑的种植区域重合。溃疡病的发病率低于明日见，用常规方法可控制溃疡病的发生。由于栽培管理容易，因此对于种植明日见有难度的农户可考虑种植该品种。

2.2.2 栽培技术要点

（1）该品种对土壤和天气条件的适应范围很广，适合于冬季无低温霜冻的地区栽培。砧木可以选用枳壳等弱势的砧木，有利于提高糖度，改善品质。

（2）明日行易抽生旺长枝梢，在幼树期要注意定干高度，当枝条长度在15～20 cm时及时进行摘心，促进分枝发生，配合肥水管理，加速树冠形成。成年结果树需要在树冠中央立柱牵绳，对结果枝条进行绑护和牵引，减少果实靠近地面而引起的病害增多和落果的风险。在采果后，及时对结果枝条进行回缩修剪。

（3）为避免果实种子数量的增加，尽量成片隔离种植。

（4）在春夏季叶片展叶期，加强对溃疡病的防控，可以用铜制剂+碳氨+春雷霉素等配合进行防治。

2.3 濑户见

该品种是日本山口县柑橘振兴中心1981年用清见为母本与吉浦椪柑为父本杂交而成，并于2004年3月进行品种登记。该品种由中国国家柑橘果树种质圃（重庆）于2009年从韩国济州岛引入我国。濑户见树形似椪柑，前期生长较直立，结果后树形逐渐开展。该品种枝条粗细、长度属于中等，枝条的节间稍长，叶片形态类似椪柑，但叶片边缘有清见橘橙的波浪扭曲。单果平均重179 g，果实较大，果实基部平圆，果顶偶有脐。果皮橙黄色，油胞凸出，易剥皮。果肉颜色深橙色，肉质细嫩化渣，糖度较高，可溶性固形物13，可滴定酸0.89%，风味浓甜。隔离种植种子少至无核，但混栽后种子数变异大，种子也较大。在重庆北碚地区，濑户见2月下旬开始萌芽，4月中旬盛花，8月21日左右抽发秋梢，果实成熟时间晚，2月下旬成熟采收，可挂树到3月中旬到4月初。该品种早结丰产性强，3年生树株挂果5 kg，4年生树可到30 kg。果实品质优良，果皮比不知火更加光滑，果基无颈状突起，因此冬季的落果少。果形外观整齐，果大美观，肉质脆嫩化渣，与不知火有相同的脆嫩口感，果皮比不知火更厚。该品种糖度很高，果实减酸比不知火更早。其留树性能较强，果皮不易衰老和萎蔫，果实不易枯水，挂树可留果到4月初，由于高糖且品质优良，市场销售前景较好。该品种由于混栽后种子多且大，因此生产上注意成片隔离种植，能够显著减少种子数量。

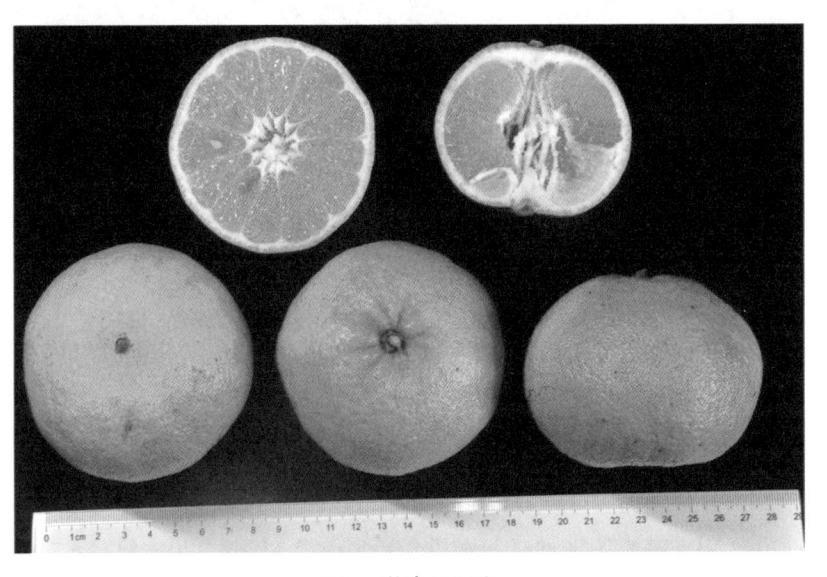

图3 濑户见果实

濑户见与春见一样，均是属于易栽培管理的杂柑品种。但濑户见果实的可溶性固形物更高，果皮比春见硬，储运能力明显优于春见，不需要套袋也可安全越冬。濑户见的果实酸度比春见高，在1月份收获后可储存在4~8℃、湿度

85%～90%的环境下进行采后降酸，待酸度消退后再进行发货。濑户见果实的耐贮性很好，几乎没有水腐、枯萎等果皮病害症状出现。濑户见的囊壁化渣性较春见稍差，但成熟后这种差异不太明显。该品种作为晚熟杂柑品种，冬季遇低温易引起落果，故生产上仍需要喷施2,4-D进行保果。濑户见可作为高糖晚熟杂柑品种在川渝两地晚熟杂柑产区进行发展。由于濑户见在国内的种植面积很少，目前尚属于稀有的柑橘类水果之一，在国内重庆、四川有少量栽培。

图4　濑户见结果状

2.4 清美

该品种是国家柑橘果树种质圃（重庆）利用清见为母本，以太田椪柑为父本进行人工杂交育种，于1998年获得的易剥皮、高糖、优质的杂柑新品种。清美曾用名98-10进行区试。该品种树势中庸，树形前期较直立，结果后开张，树冠圆头形，枝条无刺。叶片边缘浅波缘。该品种果实较大，外观整齐，单果重约170g，果实高扁圆形似温州蜜柑，果实横径7.8 cm，果实纵径5.7 cm，果形指数1.09。果皮橙黄色，果皮薄，厚度约0.21 cm，成熟后果皮几乎无白皮层，仅有油胞层，果皮较易剥离。果面具有凹点，油胞凸出，油胞较密，果顶平坦或浅凹，柱区印痕较大，果基部具有不明显的短颈。果肉橙色，果肉颜色与清见橘橙类似，囊瓣10～11瓣，中心柱空，白皮层白色，肉质细嫩化渣，风味酸甜可口，品质优良，汁液多，汁胞大小中等。在混栽状态下果实种子数较多，可达到20粒左右，而在隔离种植的环境下，种子数会大幅减少至无核。种子卵圆形，多胚，子叶淡绿色，外种皮棕色，合点灰棕色，外种皮纹理较光滑。果实可溶性固形物11.3%，转化糖6.43%，还原糖3.77%，可滴定酸0.81%，维生素C含量33.44 mg/100 mL果汁，可食率85.57%，出汁率59.80%，可食率和出汁率均较高。果实11月下旬成熟，与太田椪柑接近，成熟期明显早于清见。该品种的挂树能力较强，果实留树到12月下旬，可滴定酸降至0.41%，此时风味口感更佳。田间发现该品种对红橘褐斑病较为敏感。

图5　清美

清美树势中庸，具有早结、丰产等特点。由于果实果皮薄，加之果皮包着较紧，因此在9—10月份果实膨大期常有裂果发生，生产中须加强土壤水分、树体营养的管理，可在6月下旬至8月上旬通过果面喷施浓度20 ppm的赤霉素2次，以达到增厚果皮，减轻裂果的目的。同时在6—8月份增加钙肥和钾肥，不仅有利于增厚果皮，同时也会促进果实品质的提高。

由于清美的果实品质类似春见，具有果实大、果形美观整齐、果肉细嫩化渣、皮薄、汁多味浓等优点，在四川井研县等地被作为早熟杂柑在生产中进行推广发展，获得了良好的经济效益。

2.5 华美7号

该品种是国家柑橘果树种质圃（重庆）江东研究员利用红美人（南香×天草）为母本与橘橙1号为父本进行杂交，于2013年培育获得的新一代杂柑新品种。2014年春季将杂交后代的胚芽嫁接于试验区的温州蜜柑中间砧上，2017年试花挂果。经多年观察，该品种具有无核、成熟早、酸度低、品质优良等特点，遂在生产中推广发展。

华美7号树势比红美人强或相当，但弱于橘橙1号。树姿初期较为直立，结果后开张，树冠圆头形。前期枝条上具刺，后期枝条上的刺逐渐消失。枝条粗2.5 mm，节间长17 mm。该品种叶片常呈下垂状生长，是其比较典型的特征。叶片长椭圆形，叶尖渐尖，叶基狭楔形，叶柄长15.3 mm，本叶长98 mm，本叶宽54 mm，叶形指数1.81。翼叶倒披针形，翼叶长8.5 mm，翼叶宽3.3 mm，叶缘浅波缘。花朵白色，花瓣5瓣偶有7瓣，花瓣长13.7 mm，花瓣宽5.5 mm，雄蕊7枚，花药白色败育，药囊长3.0 mm，雄性不育，柱头直立。果实短椭圆形至圆球形，果形端正，单果重183 g，横径72.7 mm，纵径66.5 mm，果形指数0.93。果面光滑，果基部平圆形，果顶较平，顶部具有不明显的小脐，柱区大小5.3～6.5 mm。果皮橙色，在10月中旬即完全着色，果皮薄，厚2.7 mm，易剥离，但不像红美人在剥皮时，果皮与果肉易发生粘连，果皮强度较硬，耐贮运能力较好。油胞大而凸起，油胞密度中等。囊瓣11瓣，中心柱空，中心柱大小2.3 cm×1.9 cm，肉质类似红美人般细嫩化渣，无核。可溶性固形物11.3%，高于同期红美人，品质明显优于红美人，表现糖度更高，酸甜适中，可滴定酸含量比红美人低，为0.58%，还原糖3.54%，转化糖9.12%，Vc含量39.5 mg/100 mL。该品种成熟早，果实10月中旬即成熟，熟期与红美人相当。田间观察果实常有日灼发生，部分树冠外围顶部生长的果实，其基部果肉易产生枯水和粒化现象，使得货架期显著缩短。该品种早结丰产性强，产量高，但前期幼年树品质不太理想。

该品种对褐斑病、炭疽病较敏感，春季幼果期和展叶期应注意防治，可利用异菌脲或嘧菌酯等进行防治。华美7号的主要优点是早熟、低酸、品质优良，果皮硬度适中且易剥离，耐贮运能力和剥皮性状均优于红美人，同时果实糖度明显高于红美人，而酸度低于红美人，解决了红美人树势弱、剥皮难、糖度低、不耐贮运的缺点，可作为红美人的升级换代品种进行推广发展，在红美人适栽的地区均可推广种植。

图6   华美7号

2.5.1 主要优缺点

优点：华美7号的果形端正美丽，果实大小与红美人相当，果皮薄而光滑，易剥离，果皮强度较硬，耐贮运能力较好。成熟早，成熟期在10月中下旬，具有高糖低酸、肉质细嫩化渣、汁多味浓、无核优质的特点，果实品质优于同期的红美人。早结丰产性强，采前落果少，田间栽培管理容易。由于其果皮硬、易剥皮、耐贮运能力强，具有比红美人更明显的优势，成熟期与红美人相近，故适宜作为早熟优质杂柑推广发展。

缺点：该品种田间发现易感枝枯流胶病，幼年树树冠外围或顶端的果实基部容易失水，使得果实货架期或品质保持时间缩短。另外树冠外部的果实在夏季易产生日灼。

2.5.2 栽培技术要点

（1）该品种树势中等偏弱，树势与红美人相当，易采用香橙或红橘为砧木增强树势，田间栽培密度以株间距3 m×4m为宜，机械化果园行距可以适当加宽。

（2）该品种初结果幼年树果实品质一般较差，因此在树势培养上一般做到前促后控，结果后期注意控制氮肥的施用。该品种丰产性强，结果过多易使果实偏小，因此需要注意适量留果并在7月上旬进行人工疏果，以使果形整齐一致。

（3）该品种在树形和果皮硬度上与橘橙1号相似，果皮较韧且具有一定的硬度，在7—8月份高温干旱季节，树冠外围顶端的果实易产生日灼而出现枯水，因此在疏果时尽量疏除树冠外部顶端的果实，保留树冠中下部果实，同时适量保留少量夏梢遮蔽阳光减轻日灼，或采取果实涂白等方式均可防止日灼的发生。

（4）该品种对炭疽病较敏感，宜通过改善树体通风透光条件，采用强势砧木，增强树势，加强果园排水，降低土壤湿度，土壤增施有机肥和磷钾肥等综合措施，提高树体抗病力。可在4月幼叶展叶期采用吡唑醚菌酯、苯醚甲环唑、代森锰锌等杀菌剂作叶面喷洒进行防治。

（5）该品种适宜采收期在10月中旬，挂树过久，易出现枯水，影响果实品质，故适宜在果实成熟后即采收。

2.6 甘平

该品种系日本爱媛柑橘实验站以西之香为母本，椪柑为父本育成的杂柑品种。中国国家柑橘果树种质圃（重庆）2012年从韩国济州引进。

该品种树势中等，前期树形较直立，枝条芽间距较长，叶片长椭圆形，叶片长99.2 mm，叶片宽44.8 mm，叶柄较长，叶柄长32.7 mm，叶尖渐尖，叶基狭楔形，叶尖有凹口，叶缘浅波缘，翼叶倒披针形。幼树枝条上有少量刺，长约3.8 mm，树势趋缓和后无刺。在重庆2月下旬至3月上旬萌芽，3月31日左右盛花期，花期比椪柑和西之香都早，花量大，花朵大，花萼5瓣，颜色淡黄绿色，花瓣白色，花瓣5瓣，花瓣长17.2 mm，花瓣宽6.5 mm，雄蕊分离、19～20枚，雄蕊与花柱齐高，花柱直立、长8.0 mm，花药黄色，花粉数量较少。长枝梢结果母枝的有叶花枝顶端座果率较高，由于枝梢长，果实多下垂果。二次生理落果在6月上旬结束，夏梢6月上旬抽发。

甘平果实大，果实扁平形，单果重240 g，在热量高的地区发展，果实可大至300 g或更大。果皮橙红色，较光滑，果皮薄，厚0.18 cm，果皮易剥离，囊瓣8～11瓣，中心柱空且大，中心柱大小为2.38 cm×2.58 cm。果肉浓橙色，肉质细嫩化渣，囊壁薄，汁多味甜，品质优良，糖度高，11月中下旬可采收，在重庆11月22日测定的可溶性固形物12.2%，到12月中旬时可溶性固形物可达到13%，可滴定酸含量0.89%，可食率83.6%，出汁率54.7%，隔离种植完全无核，但混栽后会出现1~3粒种子，种子为多胚。

甘平属于中晚熟杂柑品种，成熟期为12月底至1月中旬，最晚可留树到2月中旬采收，过晚采收容易失水，不利于品质的保持。该品种座果率较高，果实前期膨大很快，但由于果皮薄，到8月中下旬干旱季节易产生裂果，裂果率可高达50%以上，造成严重减产，果实裂果多为横裂，除了果皮薄的原因，也与果实扁平的形状有关，因此生产中要加强土壤水分管理和树体营养调控，壮果肥增施补充钙肥和钾肥，在6月底至7月初喷施赤霉素等激素2次，增强果皮厚度，防止裂果。甘平果实不宜晚采，最迟采收可到2月中旬，否则囊瓣易内裂，导致果实品质下降，不利储运。生产上利用2,4-D喷果（浓度剂量掌握到将叶片变成狭长形的剂量），不仅可减少后期果实的开裂，而且可获得高腰形果实，显著提高果品的品质和售价。

图7　甘平

甘平以糖度高、果实大、果皮薄为主要特征，但由于果皮薄，裂果较为严重，是栽培难度较大的中晚熟杂柑品种，故该品种适宜在设施中进行栽培发展。

但在四川眉山地区种植，该品种嫁接在当地的脐橙上，由于脐橙的树龄较长，根系较深，受土壤干湿的影响较小，因此不仅挂果量高，而且裂果也较少。

栽培技术要点

（1）甘平具有椪柑的血统，因此跟春见、大雅柑等具有椪柑血统的品种类似，在施肥不当、遇旱涝情况下极易损伤根系，导致冬季易出现类似春见的黄叶现象，对果实品质和挂树性产生不利影响，因此对土壤肥料和水分的管理尤其关键，在生产过程中尽量减少对根系的伤害，可选用香橙、枳橙等常绿砧木，尽量避免用枳壳做砧木。

（2）甘平的果皮薄，果形扁平，其裂果发生较为严重，并且主要发生在树冠中下部的下垂枝组上，这些枝条由于光照不足，营养运输受限，果实的发育往往不良，果皮也更加薄弱，所以裂果发生更多。为防止和减少裂果，在生产中常通过立柱绑绳来进行枝条牵引，减少下垂枝，改善光照和营养运输，有利于减少裂果的发生。另外甘平皮薄，树冠顶端的果实易形成日灼，在疏果时也要注意疏除。

（3）甘平果实大，果形扁平，果实内裂严重，成熟后果实的品质下降较快，因此留树时间不能太久，果实挂树延迟采收会出现枯水和浮皮现象。

三、当前杂柑发展中需注意的几个问题

由于目前许多新引进的杂柑品种并没有完成系统的区试试验，对最适宜的生态种植区域并不十分掌握，因此在生产中发展种植新杂柑品种时应谨慎，可以先少量引种，试验成功后再进行大面积的种植。同时在种植中还应该注意几个问题，首先需要考虑砧木的种类，现在生产中普遍采用砧木有枳、枳橙、香橙、红桔等。一般需要根据杂柑品种的树势强弱来选择砧木，弱树选择强砧，强树选择弱砧，还要考虑砧穗的嫁接亲合性，通过接穗和砧木的最优组合，实现丰产、优质的生产目标，同时也可减少生产中碰到的一些问题，如裂果的问题等。砧木对土壤的适应性和抗逆、抗病性是在选择砧木时首要考虑的，不同的土壤类型有不同的适宜砧木。石灰质碱性土壤由于pH值较高，一般选择香橙做为砧木，香橙具有较强的耐碱性抗缺铁能力，相反枳壳在这种土壤上极易产生缺铁黄化问题，对于晚熟柑橘品种来说，枳砧更会加剧冬季的黄叶现象，尤

其是在春见、大雅、濑户见等具有椪柑血统的品种上更是如此。在平地的酸性土壤上,可选择枳和枳橙,红橘和香橙对田间土壤积水是非常敏感的,在排水不良的果园,香橙、红桔砧极易发生脚腐病,而枳壳的抗病性却较好,同时枳壳对土壤中的线虫具有较强的抗性。

在发展杂柑品种进行建园时,还需要考虑苗木的质量,一般需要选择无病苗木进行建园,无病苗木生产目前已有行业标准,可参考《NY/T 973—2006柑橘无病毒苗木繁育规程》。用带病毒的苗木建园,会导致树体生长发育不良,长势慢生长弱,不能实现早结丰产的目标。碎叶病的带毒植株往往在砧穗嫁接口部位容易折断。目前衰退病、裂皮病、碎叶病、黄脉明病、杂色褪绿萎缩病等病毒病在杂柑品种上非常普遍,在选苗时一定要选择无病毒的干净苗木。

在建园的时候,还需要考虑土壤的类型,可通过测定土壤pH值,通过增施土壤有机肥或用石灰、硫磺等来改良土壤,使得土壤pH在6.5左右,这对促进植株生长,缓解缺素症状十分有利。不良的土壤会导致植株生长不良或出现早衰、叶片黄化、裂果等诸多问题。

对杂柑品种,要注意掌握果实的最佳采收期,这样才能获得最优质的品质。过早或过晚采收,对果实的品质或耐贮藏都有不利的影响。如明日见在重庆的最佳采收期是在2月上中旬,太晚采收果实的糖度不仅不会提高,反而品质会有所退化。到开花时,果实的糖度下降就更明显了。而一些早熟品种,太迟采收也不利于果实的储运。

作者简介

　　江东，西南大学柑桔研究所（中国农业科学院柑桔研究所）研究员，硕士生导师，中国农学会遗传资源分会理事，现任国家柑橘种质资源圃（重庆）负责人。在柑橘种质资源收集、保存、鉴定评价、种质创新及利用、重要功能基因挖掘等方面开展了大量卓有成效的研究工作，获得许多重大发现。先后组织审定柑橘品种6个，其中审定的沃柑、大雅柑、华美7号、少核默科特、塔罗科血橙新系在国内的推广面积已超过100多万亩。主持制定有柑橘种质资源评价技术规程、优异农作物种质鉴定规程柑橘、柑橘DUS测试指南等国家和行业标准3项，编写专著1部，在SCI、国内核心期刊上发表论文二十余篇。

　　专业特长：柑橘种质资源收集、保存、鉴定评价、种质创新及利用；柑橘分子标记开发与利用、分子标记辅助育种；柑橘遗传与新品种选育；柑橘重要功能基因克隆与功能研究；功能基因组与基因组学研究。

柑橘砧木选择、应用及砧穗组合评价

西南大学/国家柑桔工程技术研究中心　朱世平

编者按

常言道：桃三李四柑八年，也就是说柑橘的童期相对较长，从种子播种长出的实生苗通常需要生长8年左右甚至更长的时间才能结果。那怎样才能让柑橘早结丰产呢？最有效的方法之一是采用嫁接技术。

本文作者朱世平女士，作为果树学博士、国家现代农业（柑橘）产业技术体系砧木评价与改良岗位的岗位科学家、西南大学柑桔研究所（中国农业科学院柑桔研究所）副研究员，长期从事柑橘砧木评价及遗传改良研究。她的网课《柑橘砧木选择、应用及砧穗组合评价》，是在总结前人和本人历年工作的基础上，对果树砧木及其价值、柑橘砧木研究与应用现状、砧木相关的产业问题、如何选择砧木、不同砧穗组合评价和主要砧木及特点等作了全面、系统的讲解，可为广大柑橘育苗者、种植户和技术推广人员避开砧木选择"雷区"、选择合适的砧木或砧穗组合提供借鉴，对指导科学育苗、建园、生产管护，为柑橘生产保驾具有重要的指导意义和实用价值。

嫁接是一项非常古老的技术，最早的记载是公元前3世纪的《周礼·冬官·考工记》，将橘嫁接到枳上，距今已有5000多年的历史（周肇基，1994）。"橘生淮南则为橘，生于淮北则为枳"是人们最早对嫁接现象的认识。目前嫁接技术（图1）已经广泛应用于果树、蔬菜和花卉等园艺植物的繁育和生产中。

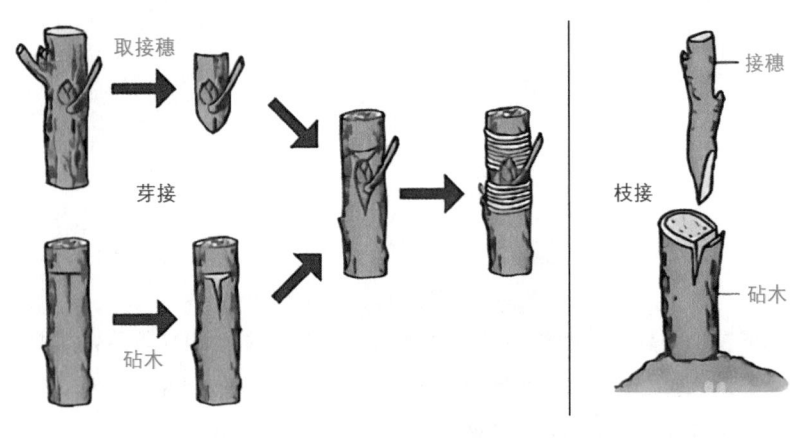

图1　常用嫁接方式（参考网络图片绘制）

一、砧木及其价值

砧木是嫁接最基本的两大要素之一，在锚定和支撑植株的地上部分、提高植株的抗逆性和增强适应性、延长植株寿命、控制树体大小、影响果实产量和品质方面发挥非常重要的作用（图2）。

二、柑橘砧木应用与研究现状

柑橘主要通过嫁接繁殖，因此，砧木对柑橘产业的发展起非常重要的作用。在我国，应用最早、推广范围最广、使用最多的砧木是枳，它具有抗寒、抗脚腐病、抗衰退病、抗部分线虫病、耐涝、对土壤的适应性较强等特性，以枳为砧木的柑橘早结丰产性好、树体较小，结果效率高、果实品质优。

日本、乌拉圭和阿根廷等国家也大量使用枳作为柑橘的砧木。

当然，枳也有诸多缺点，比如说它对裂皮病、碎叶病、高pH环境和盐离子比较敏感，因此，人们需要不断地评价和选择砧木，筛选和培育出更加优良的砧木品种。

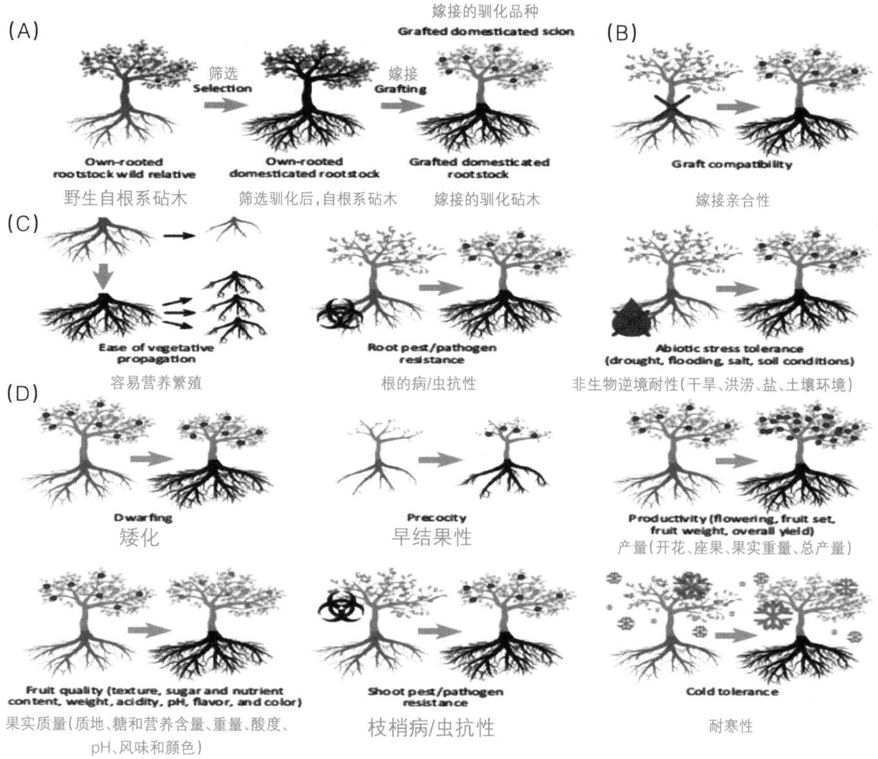

图2　嫁接的意义及砧穗组合对果树抗性、品质和产量等的影响
(Warschefsky et al, 2016)

　　欧洲、非洲的地中海地区，以及美国、澳大利亚、墨西哥、伊朗等国家曾经使用甜橙、酸橙和粗柠檬等作为砧木，后来由于脚腐病、流胶病、柑橘衰退病和枯萎病的大规模暴发，以及受冻害的影响，柑橘产业遭受过巨大损失，迫使他们一直在找寻更适合的柑橘砧木。

　　美国最早意识到了砧木对柑橘产业的重要性，并早在20世纪初期就开始开展柑橘砧木的育种工作，最早培育出卡里佐枳橙、特洛亚枳橙、施文格枳柚、C35枳橙等优良柑橘砧木，并在柑橘生产上得到大规模商业化应用。目前美国已形成三大柑橘育种中心，即美国佛罗里达大学的柑橘研究与教育中心（CREC-UF），美国国家农业部的柑橘研究中心（USDA-UF）和美国加州大学河边分校的柑橘研究中心（Riverside，CA）。

　　西班牙、阿根廷和南非等国家从20世纪70年代开始开展柑橘砧木育种。西班牙育成的FA-5、FA-13系列砧木表现优异，在生产上逐渐得到应用和推广。

　　我国对砧木重要性的认识相对较晚，开展砧木育种研究起步也较晚。20世纪末，中国农业科学院柑桔研究所开始开展柑橘砧木育种，由于历史原因一度被迫中断，直到2007年国家现代农业产业技术体系成立，砧木育种研究才正式发力，目前形成了以西南大学（中国农业科学院柑桔研究所）和华中农业大学为主的两大砧木育种中心。通过这些年的努力，已经获得一批柑橘砧木新种质，部分新种质表现出较好的生产应用潜力，有望培育出新的砧木品种。

在砧木的应用上，很多国家选择枳及其杂种为主要砧木。据南非柑橘砧木的贸易统计，枳及其杂种的占比高达90%，其次是柠檬类（粗柠檬、沃尔卡姆，约10%）和酸橘（占比不到1%）（表1）。

表1　世界柑橘砧木使用概况

单位：kg

品种	2010年		2011年		2012年	
C35	458	10.8%	531	14.6%	396	8.1%
卡里佐枳橙	1744	41.2%	1507	41.4%	1684	50.8%
施文格枳柚	724	17.1%	516	14.2%	435	13.1%
飞龙枳	2	0.1%	208	5.7%	227	6.8%
明丽奥拉X枳	125	3.0%	81	2.2%	73	2.2%
特罗亚枳橙	471	11.1%	146	4.0%	75	2.3%
X639	233	5.5%	234	6.4%	78	2.4%
Yuma 枳橙	20	0.5%	15	0.4%	36	1.1%
粗柠檬(VanStaden)	—	—	14	0.4%	—	—
粗柠檬	337	8.0%	243	6.7%	361	10.9%
粗柠檬(Schaub)	54	1.3%	60	1.7%	17	0.5%
沃尔卡默柠檬	65	1.5%	64	1.8%	57	1.7%
印度酸橘	—	0.0%	25	0.7%	5	0.2%
Beneke 酸橘	2	0.1%	—	0.0%	—	0.0%
合计	4235	100%	3644	100%	3445	100%

* 数据来自2014年国际柑橘苗木协会报告

美国最主要的柑橘产区佛罗里达州，主要使用四类砧木。其中最主要的砧木是枳及其杂种，占比约75%；其次为酸橙，占比约15%；第三种为宽皮柑橘类，占比在7%左右；第四种粗柠檬和沃尔卡姆柠檬，占比约3%（表2）。近年来，受柑橘黄龙病威胁，美国在耐黄龙病砧木品种的选育上取得了一定的进展，培育和筛选了一些耐黄龙病的柑橘砧木，譬如US-942，以及UF系列等一些相对耐黄龙病的砧木已经在生产上逐渐应用推广。

表2　美国佛罗里达州柑橘砧木的应用概况

砧木品种	2013年		2017年		2013—2017年总数	
	数量（万株）	百分比（%）	数量（万株）	百分比（%）	数量（万株）	百分比（%）
施文格枳柚	129.64	27.7	54.95	12.41	560.15	26.86
K卡里佐	81.33	17.4	76.76	17.34	361.32	17.32
卡里佐	45.65	9.8	10.61	2.40	143.49	6.88
US-812	28.40	6.1	15.90	3.59	95.64	4.59
X-639	25.20	5.4	62.20	14.05	172.14	8.25
US-897	14.92	3.2	29.55	6.67	82.60	3.96
US-802	13.36	2.9	31.95	7.22	98.92	4.74
US-942	0.64	0.1	25.95	5.86	38.03	1.82
C35	1.33	0.3	14.33	3.24	28.03	1.34
飞龙枳	3.05	0.6	0.64	0.15	9.05	0.43
沃尔卡姆	10.17	2.2	7.78	1.76	67.04	3.21
酸橙	88.05	18.8	43.56	9.84	248.95	11.94
印度酸橘	14.13	3	35.45	8.01	89.15	4.27
Kinkoji	8.75	1.9	4.44	1.00	37.04	1.78
孙楚沙橘	2.33	0.5	1.27	0.29	8.22	0.39
粗柠檬	1.03	0.2	2.75	0.62	10.15	0.49
UFR-03	—	—	1.64	0.37	1.87	0.09
UFR-04	—	—	5.86	1.32	6.21	0.30
UFR-02	—	—	0.79	0.18	0.79	0.04

砧木品种	2013年		2017年		2013—2017年总数	
	数量（万株）	百分比（%）	数量（万株）	百分比（%）	数量（万株）	百分比（%）
UFR-16	—	—	0.55	0.12	0.63	0.03
UFR-17	—	—	0.82	0.19	1.02	0.05
C-54	—	—	1.03	0.23	1.07	0.05
C-22	—	—	0.87	0.20	1.04	0.05
Benton	—	—	1.34	0.30	1.91	0.09
合 计	467.97	100	430.99	97.35	2064.45	98.98

* 数据来自2017年佛罗里达园艺学会报告

在我国，由于柑橘品种和生态类型的多样性，再加上一些使用传统和习惯，目前砧木的使用类型相对丰富，主要分为六种类型。其中使用数量最多、分布面积最广的砧木是枳，占比约50%；其次为香橙，占比约30%，主要为资阳香橙，最近也选育出了蒲江香橙（伏晓科等，2017）；第三种为酸柚，占比约9%，主要用作柚和葡萄柚的砧木；第四种为卡里佐枳橙，占比在7%左右；第五种为红橘，占比在2%左右；第六种为酸橘和其他类型，占比在3%左右（图3）。

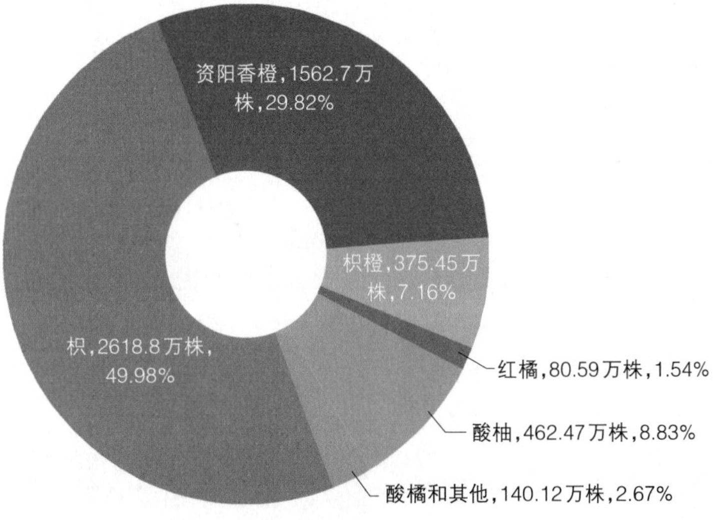

图3 我国砧木类型使用数量及比例

从砧木应用的整体情况来看，综合性状优良的砧木仍然是生产中的首选砧木。针对一些特殊的产业问题，如土壤pH过高、一些特殊的病害（如黄龙病、裂皮病等）要选择具有特殊性状的砧木。

从砧木选择的趋势来讲，随着育种的进步和发展，一些综合性状优良兼具特异抗性、树势中等、早结丰产性好、品质优良的砧木新品种将是未来砧木选择的首选砧木。

三、如何科学选择砧木？

如何选择最适宜的优良砧木，是每个柑橘育苗企业和种植业主需要面对的重要问题。

3.1 重视砧穗之间的嫁接亲和性问题

由于砧穗之间的嫁接亲和性在短期内很难明显的表现出来，因此在确定发展什么类型的接穗品种或培育什么品种的苗木时，需要选择合适的砧木，最好能查阅各类公开发表的专业文献，避免选用已知的砧穗不亲和组合。

目前已经报道的柑橘砧穗不亲和组合有：

尤力克柠檬及其选系/卡里佐枳橙，尤力克柠檬/施文格枳柚，红江橙/部分枳，红江橙/卡里佐枳橙，无籽柠檬/卡里佐枳橙，默科特/施文格枳柚，罗伯甜橙（Roble）、佩拉甜橙（Pera）和沙漠蒂甜橙（Shamouti）/施文格枳柚或部分枳，红棉蜜柚/枳，尤力克柠檬及其选系/卡里佐枳橙，尤力克柠檬/施文格枳柚，默科特/施文格枳柚，罗伯甜橙（Roble）、佩拉甜橙（Pera）和沙漠蒂甜橙（Shamouti）/施文格枳柚或部分枳等。

3.2 因地制宜

要根据果园的立地条件、土壤类型、所处的生态类型等选择综合抗逆性好同时兼具特殊抗逆性的砧木。比如说：

·山地建园时，选择砧木重点要考虑山地容易遭受干旱，土壤pH值和保水保肥等需求；

·平地果园时，选用砧木要优先考虑土壤透气性、排水需求等因素，选择相对耐涝和适宜黏性土壤的品种；

· 高热量产区选择砧木时，要综合考虑控制树势、防控黄龙病等问题；

· 北缘柑橘产区、晚熟柑橘产区、周期性冻害产区选择砧木，重点考虑实现抗寒，规避冬季低温霜冻等风险。

3.3 因"树"制宜

需要考虑接穗品种本身的树势强弱、树体大小和栽培管理模式来选择树势较旺、中等或矮化的砧木。

3.4 兼顾生产预期

考虑早结丰产性、果实品质与产量以及果实成熟期以及快速经济回报的问题。

四、常用砧木及其特性

4.1 枳

枳原产我国，分布较广，北至华北，南至广东。其抗寒性强，抗衰退病、脚腐病和线虫。对土壤适应性较强，在水分充足的情况下，在壤土、黏土和沙

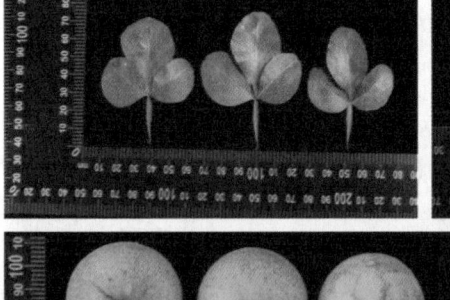

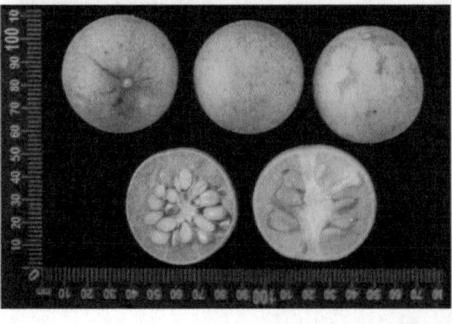
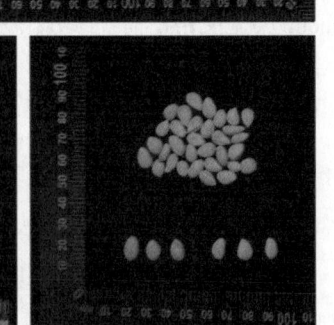

图4　枳的叶片、花、果实和种子

土都有较好的适应性。枳砧的树体较其他砧木矮小，早结丰产性好，结果效率高，果实品质优良，是适合脐橙和甜橙生产的优良砧木，适合适度密植（图4）。枳砧果实的成熟期相对较早，比香橙砧约早20天。但是枳对碱和盐性条件敏感，对裂皮病和碎叶病也比较敏感，因此要采用无病毒接穗进行繁殖。对丰产性很好的杂柑，应及时疏果，保持适当载果，否则会出现严重的大小年，甚至影响树势，发生树体早衰，影响树体的经济寿命。

4.2 卡里佐枳橙

卡里佐枳橙是1909年美国农业部（USDA）用华盛顿脐橙与枳杂交获得的。它具有耐柑橘衰退病、疫霉菌引起的脚腐病，但抗性不如枳。对穴居线虫抗性较好。抗寒性中等，田间观察发现，它的抗寒性不如酸橙、印度酸橘和枳柚。它适合排水良好的土壤，不适宜黏土；不耐盐，对石灰土和碱性土敏感，对柑橘裂皮病敏感。卡里佐枳橙砧树势旺，树体相对较高大，应适当稀植。单株产量高，早结丰产性好，果实品质优良（图5）。在我国田间观察发现，它对天牛害虫更加敏感（朱世平等，2020）。

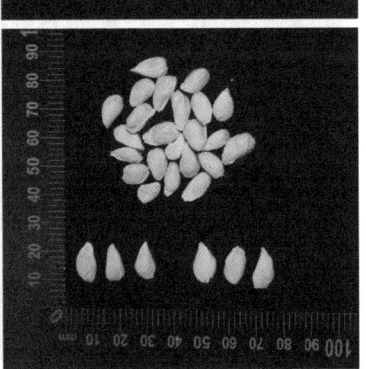

图5　卡里佐枳橙的叶片、花、果实和种子

4.3 香橙

主要有资阳香橙（软枝）和蒲江香橙（硬枝），在生产应用最多的是资阳香橙。香橙的耐寒、耐酸和耐碱性强（卿尚模等，2007；刘建军等，2008；Zhu et al., 2021），耐盐和耐脚腐病中等（朱世平等，2014），生产上发现不耐线虫，不耐碎叶病。香橙砧树体树势中等，早结丰产性好，果实品质优良（图6）。对同一个接穗品种来说，香橙砧果实的成熟期比枳砧晚约20天。

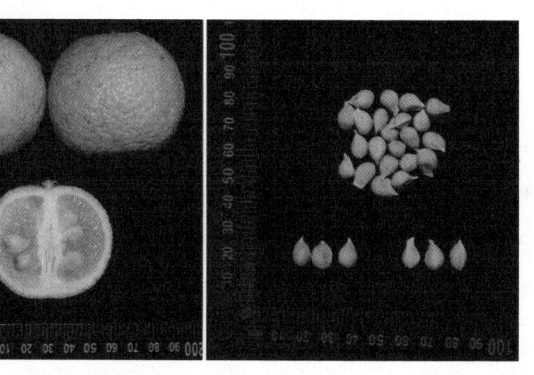

图6　香橙的果实和种子

4.4 红橘

红橘较耐寒，耐裂皮病和碎叶病，耐柑橘衰退病，且耐性比枳橙强；耐盐性中等；不耐脚腐病，较耐碱，但耐碱性不如香橙。红橘砧树势较旺，早期丰产性较差，后期丰产性较好。果实品质一般，不及枳及其杂种和香橙（图7）。

图7　红橘的果实和种子

4.5 酸橘

酸橘是主要在两广地区使用的砧木，国外使用的酸橘主要是印度酸橘(Cleo-petra)或Sunki酸橘。耐寒，耐柑橘衰退病、裂皮病。对土壤的适应性好，但不耐高pH值的石灰质土壤。对疫霉菌引起的根腐病和线虫敏感。与红橘一样，早期产量不高，后期产量较好。果实品质一般，不及枳及其杂种和香橙（图8）。

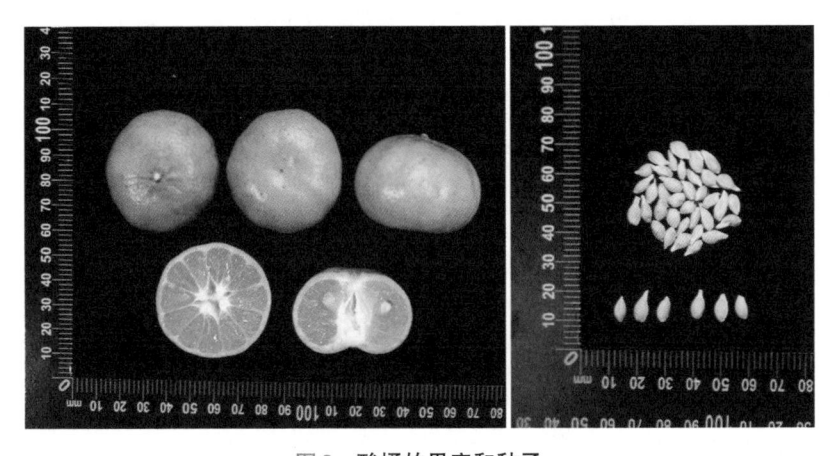

图8　酸橘的果实和种子

因此，在选择砧木的时候要综合考虑各方面的因素，结合自己最重要的需求来选择最合适的砧木，并配置最佳的砧穗组合。优良的砧穗组合会让果农事半功倍，获得更好的经济效益和回报。因此，建议大家在建园和育苗的时候，多了解和咨询相关信息，做出最好的决策。

作者简介

　　朱世平，博士，西南大学柑桔研究所（中国农业科学院柑桔研究所）副研究员，硕士生导师。现为西南大学柑桔研究所资源与育种中心主任，国家野外观测台站副主任，中国柑桔学会常务理事，中国柑桔学会苗木分会副理事长，国家现代农业（柑橘）产业技术体系（砧木）岗位科学家。1999考入华中农业大学，2009年从华中农业大学果树学博士毕业（硕博连读），进入西南大学柑桔研究所工作，其间（2016年8月—2017年7月）赴美国佛罗里达大学柑橘研究与教育中心（CREC，UF）访学，2019年8月再次赴美开展合作研究，主持和参与国家级、省部级及横向项目20余项，在国内外学术期刊上发表论文20余篇，选（培）育新品种3个，获得授权专利4项。

　　专业特长：柑橘遗传育种与果树分子生物学，利用杂交育种、组织培养和基因工程手段创制柑橘砧木新种质，开展柑橘砧木耐（抗）逆、砧穗组合评价，利用转录组、代谢组等组学手段解析柑橘砧木抗（耐）逆、砧穗互作的分子机制，克隆关键基因并进行功能验证。

曹立教授讲阳光1号橘柚和金秋

西南大学/国家柑桔工程技术研究中心　曹　立

编者按

　　相比大多数农林作物，种植柑橘的经济效益高、从业门槛低，因此，前些年，社会资本纷纷介入柑橘产业，求大贪新，大部分主栽品种产能严重过剩，跟风发展效益远低于预期，倒逼着种植户更新品种。由于不同品种对于气候、土壤等条件和种植管护技术都有不同的要求，盲目发展导致有些新品种种下去后品质远远不如预期，产量也很低甚至颗粒无收，给种植户造成了经济损失，也给新品种推广和产业发展造成了阻力。

　　本文作者曹立研究员，是金秋砂糖橘、阳光1号橘柚等柑橘新品种的发明人，长期从事柑橘常规育种工作。金秋砂糖橘（中柑所5号）是我国第一个商业化推广的杂交柑橘新品种，也是第一个获新品种权保护的杂柑品种；阳光1号橘柚同时兼具"不育系"与优质型品种特性，综合了柑、橘、橙、柚多重风味口感。两个品种都极受市场欢迎。他的网课《曹立教授讲阳光1号橘柚和金秋》除了推介他自研的这两个品种外，还介绍了红美人、无核沃柑等市场上比较热门的优秀杂柑新品种的特性、品种定位和管护要点。

　　新品种好吃好卖树难栽，本课旨在介绍新品种的特性和种植要点，也特别希望种植户结合区位、气候、管理技术水平等实际情况科学选择新品种，切勿盲目跟风，以规避种植风险。

一、阳光1号橘柚

阳光1号橘柚，是由西南大学柑桔研究所自主研发的最新品种，品质特别好，是一个综合了柑、橘、橙、柚多重风味的杂交柑橘新品种。它的外观呈金黄色或橙色，色泽亮丽、果皮光滑，相较其母本红美人的果皮增厚了一些，解决了红美人不耐贮运的难题，剥皮时能剥下整张皮，而且果皮和果肉不会紧密的粘连在一起，不容易脏手，所以，这个品种非常受消费者欢迎。

图1

俗话说："樱桃好吃树难栽"，阳光1号橘柚是典型的"橘柚好吃树难栽"，它最主要的问题是裂果问题，生产中很难种出一棵"满树都是果而且基本上没有裂果"的树。此外红蜘蛛、溃疡病、流胶病、树脂病与沙皮病也较易发生，嫁接口以上的部位也很容易裂皮。因为缺点很多，不主张整个家庭、整个企业、整个合作社都种这一个品种，

如果不能解决裂果问题，种植户可能整年没有收成。而一些资金实力雄厚的企业，集中连片栽培这个品种是可行的，选取20%、30%的园区集中连片发展在果园选址较好、土层深厚的地方好一些，我们可以寻找科技服务型企业提

供技术支持。水稻田做好改土建园，严格控水控肥，合理配方施肥等人工干预后，基本上就没有裂果。对于小型个体农户，可以等周边企业种植成功后再去学习成功经验，降低种植风险。

阳光1号橘柚申请了品种权保护，由于我国《种子法》进行了修改，将果实、收获物纳入了保护的范围，使阳光1号橘柚成为历史上保护最严格的一个品种。如果不是从正规渠道买到的枝条高接，今后要是大面积结果，就会被追责，必须缴纳知识产权费。再加上本身的种植与病虫害防治难度大，使得这个品种不会大面积发展，应不至于泛滥成灾。

迄今为止，阳光1号橘柚高换得最多的还是柚类，福建平和的琯溪蜜柚、红肉蜜柚、三红蜜柚，江西的马家柚，重庆垫江柚、梁平柚、丰都红心柚、绵阳矮晚柚等，都由于价格低迷进行了阳光1号的高换。我们研发团队考虑到阳光1号橘柚的缺点，以及仍存在很多栽培技术难题需要克服，在推广时没有设置购买门槛，而且作为新品种，枝条与苗木销售价格低廉，方便种植者少量引种试栽。

很多人询问阳光1号橘柚在哪些品种上可以进行高接，并误认为只能高换柚子。其实在没有病毒病（碎叶病、裂皮病和茎陷点型强毒系衰退病）的情况下，阳光1号橘柚基本上可在任何品种上高接，除了金柑，我们在其他常规栽培品种大类上都进行过实验。结果表明以柚子为砧木时阳光1号橘柚的品质最差，香橙砧与红橘砧尚可，以枳为砧木时品质最好，并可充分发挥早熟的优势，因其果皮不苦，按生育期计算，将来可能在有些早熟柑橘产区，每年8—9月份就会进入市场。

特别声明：我们不主张农户全家只种植阳光1号橘柚这一个品种，因为裂果非常厉害。今年我们开通"抖音小店"，主要目的就是为广大农户尽可能提供不带病毒病，特别是没有碎叶病和强毒系衰退病的种源，让一部分农户试种成功，做好示范。

因为这个品种授权开发的人多了，我们就担心有些种源带有碎叶病、裂皮病，如果出售到江西、广西、湖南、湖北等通常使用枳砧的地区，高换有病毒枝条将带来灾难性后果。我们强烈要求合作企业向上述产区提供种源苗木与枝条时，不得带有碎叶病、裂皮病和强毒系衰退病，但是在经济利益面前，授权育苗商还很难都一一做到。

图2

　　阳光1号橘柚好吃，有些人就问我，是否可以淘汰沃柑？很多地方在沃柑上高接换种阳光1号橘柚。

　　以前在明日见推广得很火的时候，明日见甚至卖到了1 000元一个果，今年春天，当我在金堂做技术培训的时候，还遇到一个老农，他还说他种的明日见卖25元一斤。这样宣传极端个案的做法不好，新品种不要宣传价格超级好，这样很容易引起很多人盲目跟风。有很多业主扩种明日见上千亩，但是每年基本上没有产量，都裂果裂掉了。只有少量的果农，种了几十亩，结得硕果累累，基本上没有裂果。

　　明日见的推广告诉我们一个道理，好的品种不要推广得太快，要认认真真地种好试种品，摸索出配套的栽种技术，然后再慢慢地扩张面积。如果一开始未完全掌握技术的时候，一家一户或者一个企业就扩张到几百亩上千亩，必然会引起资金链断裂等严重问题。

图3　明日见果形

明日见本质上是温室大棚内保护地设施栽培的品种，不是露天的大面积栽培品种。当然以后也有可能有一些人种明日见，能做到几百亩露天栽培，但是，现在这个技术还在研发的过程中。对于容易裂果但是高品质的品种，很多人也在不断地去提升对其的管理能力，攻克明日见、甘平等裂果难题。将来肯定还会有很多品种也存在裂果的难题，因为裂果的品种果肉脆、果皮脆，具有很多适合于人们消费的品质，不过，就是管理难度特别大。

图4　明日见裂果情形

二、红美人

红美人又名爱媛28号，四川人误认为是爱媛38号。

图5　红美人

　　我们看到象山从日本引进上百个杂交柑橘新品种，筛选来筛选去，最后大家最喜欢的还是红美人，包括"花果飘香"的清扬老师，在进行现场采访时，也问到了一些早年引进红美人并种得非常成功的人士："如果你再种100～200亩的果园，现在要开始栽树，你打算种哪个品种？"得到的答案多数情况下，还是红美人。有些所谓网络品种当年卖两三万块钱一斤枝条，后来发现褐斑病特别重，防不胜防，最后又被多人又淘汰了。所以品种的推广要综合考虑，要考虑种植难度、品质、市场饱和度、价格等各方面的因素。

　　无病苗、无病枝条非常重要。红美人在无病树上高接，能结很多的果，并且树势不容易衰退。如果红美人自身带了碎叶病、裂皮病、衰退病，那高接之后很容易死树，最多结两年，好好的树就报废了。但是，四川这边说："我们的爱媛38（红美人别名）没事"。因为它是红橘砧或者香橙砧木，终生不发病。

柑橘精品课
科特派网课赋能产业振兴之课

四川很多人很喜欢卖枝条，无论什么品种买来之后，并不是卖果子，而是使劲地炒作枝条，在一切能用的社交媒体上，大力推广枝条。然而很不幸的是，这些枝条主要卖给枳壳砧木的栽种区域，湖南、湖北、江西、广西这些广大的枳壳砧木的栽培区域，买了四川的带有碎叶病的枝条后嫁接在枳壳砧的苗子上，苗子就长不起来了。有的是高接在温州蜜柑的大树上，这个大树结一两年果就报废了。包括我们的金秋砂糖橘，也是这样。现在在湖南、湖北、江西广大产区，红美人遍地开花，推广的主要是从中柑所等科研院所起源的脱毒苗，红美人脱毒后，没有裂皮病与碎叶病的困扰了，树势强旺，生长速度相当快。

图6　不知火

现在在湖南、湖北广大产区，推广的最多的还是不带病毒的红美人，带病毒的红美人如果是枳砧，往往也采不出枝条。所以对红美人为代表的日系杂柑总体印象就是果皮比较软、口感很好、非常化渣。像不知火、濑户见这些都是非常难种的，叶子特别容易黄化，叶子黄了树势比较衰弱，种植很费力。但是，因为品质好，即便是美国人也有人非常喜欢种不知火的，日本人曾经有一段时间很喜欢种濑户见，现在这个品种也不是很流行。在中国，日系杂柑最主要的成就还是春见，四川这边叫耙耙柑，很多专家的统计数据中没有春见的产量、面积，实际上这个品种的种植面积很大，在我们国家杂交柑橘种植面积里面排在前三位，第一个是沃柑，第二个是红美人，第三个就是春见。春见和大雅柑又有一个共同的外号叫耙耙柑，大雅柑其实种植面积也不小，武胜一个县就种了20万亩，整个四川可能也种了好几十万亩。大雅柑这个品种种得多，四川和重庆加起来有好几十万亩，春见和大雅柑刚好赶上了沙糖橘和沃柑的成熟期，就搞成了巅峰对决——耙耙柑、沃柑、沙糖橘同期上市，相互挤兑，结果是最好品质的新品种，春节前后卖出了整个年度最低的价格，因为产能严重过量。

图7 濑户见

耙耙柑、沃柑和砂糖橘产能的严重过量也提醒我们，品种一定不能够任其过量发展，如果发展面积过大、产能过剩，果农愁卖而挤兑市场，相互之间使劲压价，最后谁都不可能盈利。

今后对于发展品种，要冷静判断、要有大数据支撑，知道哪些品种已经严重推广过量，就不要再推。这就是我们推广金秋砂糖橘的时候，让有些推广企业直接停止销售金秋砂糖橘苗木的原因。我们下一步会加大维权打假力度，严格控制苗木的总数，防止推广过量，要让每一个种植者尽可能卖上非常好的价格。所以现在不是品质越好价格越高，真正决定价格的是市场紧缺程度。

054

柑橘精品课
科特派网课赋能产业振兴之课

图8　春见

图9　大雅柑

三、金秋砂糖橘

金秋砂糖橘于2012年从中柑所推广到四川蒲江，在蒲江县复兴镇庙峰村建立示范果园，这个果园以前嫁接过天草杂柑，高比率感染了碎叶病与裂皮病。2017年从四川把这个种源推广到江西南丰，高接18万株大树，现在再去南丰看到这18万株大树，基本上已经冻死了，因为枝条带有碎叶病后，能结一年好果，接下来第二年、第三年之后，叶片就会黄化得很严重，冬天遇到大型冻害时就很容易冻死。

金秋砂糖橘在全国很多地方品质都很好，在云南褚橙庄园9月中旬就成熟了，可以卖12元/kg。在华宁1亩地种200株，种了1 200株，6亩地收了35吨多，一亩地能收五六万元，这价格很高了。现场参观的人很多，业主自己的自媒体也做得很好，传播很快，这就引起了在云南玉溪一带，包括西双版纳，很

图10 金秋砂糖橘

多人想大量发展种植金秋砂糖橘，有的是高接，有的是买小苗子种，多数人种的是香橙砧的苗子。现在种枳壳砧苗子的人比较少，他们自己用枳壳砧木嫁接的金秋砂糖橘的苗子，也是不长树。不长的树主要是得了碎叶病，叶子成了花叶，施多少肥都长不动，后来就选择香橙砧栽种，香橙砧的成熟期比枳砧的要晚一些。但是，金秋砂糖橘在云南这些地区仍然可以在国庆节前采收上市，刚好赶上国庆节水果销售高峰期，所以金秋砂糖橘接下来会在云南的特早熟温州蜜柑产区，兴起一股种植高潮。

金秋砂糖橘通过全国各地大量引种，现在已经探明了特别适宜区是云南华宁、新平、西双版纳这一带特早熟区；其次是抚州、新余、吉安地区，赣南、湘南、桂北优势柑橘带和粤西、湘西优势柑橘带；再次是浙东、闽西优势柑橘带，在这些地方发展金秋砂糖橘是很有前途的，在三峡库区、长江上中游优势柑橘带一部分县，秋天光照时数比较多，晴天多、雨天少的地方，金秋砂糖橘的品质也是非常好，但是品质好的地方不一定价格最好，在成都周边产区，品质不算好，但是价格反而是最好的。

在香蕉种植区，老百姓就没有开沟排水的习惯，如果这样种金秋砂糖橘，就没有品质。使其口感很淡、风味淡、没什么酸味。在贵州松桃县，我亲自去指导的起垄栽培，单行起垄——5 m放线，中间挖2.5 m的机耕道，然后把土堆到机耕道的两边，堆土成垄，树就栽到垄上，这样种出来的果年年结果多，品质也非常好。

图11　起垄栽培

金秋砂糖橘在一些冻害区如湖南的石门和慈利品质好。在湖南的怀化，在湖北的各个县区基本上也有种植，但很多人种的是香橙砧，极少能遇得到枳壳砧的无病苗。我们现在主要是卖无病苗。重庆奔象果业公司2018年与2019年就开始卖无病毒的金秋砂糖橘的苗木，有少数的种植户已经种成功了。即使是兴津温州蜜柑也能冻死的地方，在这些地方往往还看得到金秋砂糖橘，长得还可以，一次梢要长40 cm。

图12　黄龙病区不起垄栽培品质差

黄龙病区如果不起垄，像种沃柑一样种金秋砂糖橘，是种不好的。广西南部的人种金秋砂糖橘，卖的价格是最低的，才卖两块钱一斤。因为它产量高，金秋砂糖橘适宜的株行距，可以种个5 m×2 m，5 m×3 m，4 m×3 m等。也有人种1.5 m株距的，3 m×1.5 m，不是不行，人工操作的话也行。

金秋砂糖橘在广大产区目前发现最大的威胁不是黄龙病，而是碎叶病。因为碎叶病是苗木带病，买的时候苗子很漂亮，栽下去之后它就不长了，而且每一根得了碎叶病的苗子，你又不好救，没办法救。农民把它的枳壳砧改成红橘砧，或者用香橙砧去接换根，是可以救它。但是救了之后呢？又有新的问题，比如说成熟期变晚了，有些地方有冻害，那用红橘砧来靠了之后，有些冻害区容易得脚腐病。所以靠接换根也不是最好的办法，而且金秋砂糖橘成熟晚了之后，价格就会降下来。金秋砂糖橘是一个很好玩的品种，这个品种的价格从9月份到国庆节基本相同，国庆节之后就跌价，价格要回落，一直降到10月底。但9月份与10月份这段时间，价格回落不太多。价格高峰期在国庆节，11月1日之后，价格要降掉1/3。11月11号之后或者说11月中旬之后价格要再降掉1/3，年年都是这个趋势。作为果农看到金秋砂糖橘不停降价，心里挺纠结，但是，整个年度的果子卖完之后，再回转头来看这一年不同品种的果子销售价格，结果发现金秋砂糖橘作为10万吨以上规模的品种，整体上的价格还是相当令人满意的。

这个品种的缺素症，只要展叶期一喷硝酸锌就没有症状了。还有褐斑病也是很普遍的；沙皮病，这些病是要认真防，如果不防病，金秋砂糖橘的果子就很难看，果面就没那么干净、没那么亮丽。

图13　缺氮同时缺锌，非常像缺铁症状

图14　沙皮病

图15　褐斑病

金秋砂糖橘也要注意衰退病，国内现在发生得非常普遍，只是强毒系严重发病的相当少，以前赣州17个县从秭归引进了纽荷尔脐橙，到处都出现了衰退病强毒系的苗木。但是，现在去稀归产地，去找衰退病的种源，可能还不好找。当地肯定也会把衰退病强毒系症状树销毁掉。

赣州现在也把衰退病消灭得差不多了，想找到衰退病，也不好找，教学都不好找材料。但要想消除赣州全市的强毒系衰退病CTV，任务还相当艰巨。同样，我们在湖南、湖北广大产区，也经常能遇到衰退病的强毒系的苗木，有一部分是从四川简阳过去的。因为四川简阳是老柑橘产区，全国很多人在那里委托育苗，把什么病都带过去了。简阳也应该认认真真地把这个种源消一下毒，该砍的树要砍，该烧的要烧掉。育苗地的苗木如果长期保存活体苗木，不消毒就会后患无穷。苗木要定期清理干净，不要每年都一直不断地增加苗木、不断地增加品种，什么地方来的品种都不断地累加起来，最后变成了病毒的博物馆，那就比较麻烦。

金秋砂糖橘在有些地方，在恶劣气候、异常气候的条件下，种植需要搭遮阳网，如果花期温度过高，不搭遮阳网，金秋砂糖橘的果就会掉完了，没有产量。但是有些农户搭的遮阳网防冰雹，防异常高温，效果很好。哪株树搭了网哪株树就硕果累累，而且卖的价格也很好。很多老百姓把金秋砂糖橘装在摩托车上，推到农贸市场卖，也能卖到10元一斤。因为这个品种果肉吃起来很甜，很受老人和小孩子的欢迎，包括在一些超市中也非常欢迎。

图16　茎陷点型衰退病

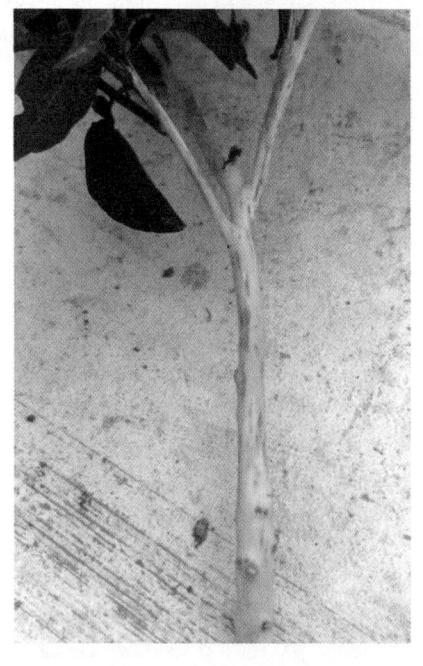

图17　速衰型衰退病

图18　雷波县花期干热风，用了遮阳网才能结果

四、无核沃柑

其实我们讲的是无核沃柑这个品种的技术，这个讲课真正的意义，是对生产栽培上的意义非常重大。无核沃柑是迄今为止保花保果难度最大的一个品种，他的主要难度，就是在落花落果期会很整齐地全部脱落，保不住果，很多人把它种成了风景树。无核沃柑推出来之后，我们看到我们国家还有很多地方在种一些传统的更老的品种，在重庆柑橘主产区，推广了很多的 W.默科特，还有 W.默科特的无核品种"探戈"，还包括一些美国的三倍体品种西斯塔金、太浩金、优胜美帝金等在内的美系品种。整体来说，美国杂柑在中国栽培面积不大，而且销售价格也不尽如人意。W.默科特比较便宜，而且品质也不是很稳定，好

吃的时间很短，它是没成熟的时候外观很红很漂亮，果肉很酸。成熟之后，品质好的时间短，再过一点时间马上又失了水分，甚至果皮都会褪色。在新梢发育期，它的果实品质下降为淡味。等到新梢老熟之后，果实品质慢慢地又回来了，品质回升一点，但是，回升不了多少。所以W.默科特在中国其他的产区没有大面积发展。

图19　无核沃柑丰产树

真正发展得最快的是沃柑，受最大冲击的也是沃柑。沃柑有果皮蓝变的问题，但是不是很严重的问题，无核沃柑现在在很多地方也种得很好，硕果累累。果子要大还比较容易，水溶肥就能够使其变大。刚定植的前几年要修剪，但是又不能修剪太重，修剪太重就座不起果。修剪重的树，春梢太长了，每个梢上的叶子都是又多又大，结果枝超过6片叶子要座住果就很难。无核沃柑要轻修剪，冬天要拉枝，让每一根枝充分见光，这点很重要。但更多的人种无核沃柑是种不好的，甚至有些人连普通沃柑都没种好，溃疡病泛滥。现在沃柑在全国到处都推广，尤其是一些有冻害区大量推广，确实是没有什么实际意义。包括今年桂林很多地方有冻害的地方大面积推广普通沃柑和无核沃柑，今年遭冻得很

柑橘精品课
科特派网课赋能产业振兴之课

厉害。昨天我了解到有些果园80%的果都遭冻掉了，几乎都不用拿剪刀去采果了。以前都说要大力发展晚熟品种，真正地全民行动起来，大力发展晚熟品种，又发现种多了是灾难。

广西的沃柑跟四川的沃柑实际是不一样的，它们的上市时间有差别。云南的沃柑很多是五月份之后才卖，而广西很多沃柑是三月份之前要卖完，而四川的沃柑是四月份之后才开始卖，可以卖到八九月份。这样我们就见证了一个传奇的品种，它的供货期特别漫长，可以达到8个月以上。所以，沃柑仍然非常受人欢迎。

无核沃柑跟普通沃柑相比其实还有很多缺点，刚才说了一个座不起果的问题，还有一个问题，就是抗逆性很差，无核沃柑最好吃的时期是从春节后到开花期这段时间，品质很好。过了开花期，开完花了其品质又下降了，糖分就回流了。而不像有籽沃柑，在开花的时候，有籽沃柑的品质是最好的，而且一直可以在树上挂到八九月份。但无核沃柑是不行的，所以这就解释了这几年为什么无核沃柑苗子特别难卖。我有一个朋友种无核沃柑种了一两千万株苗子，根本就卖不掉。无核沃柑不抗溃疡病，普通沃柑也不抗溃疡病，也是一个很大的问题。我们在无核沃柑的繁殖推广上花了太大的精力，但是也确实好多人没种成功。也有一些人种成功了，还涌现了一些栽培专家和种植高手。像广西的岑荣光和龙安新，一个人就指导别人种几万亩的无核沃柑，而且基本上都种得硕果累累，解决了无核沃柑落果的问题。因为无核沃柑在谢花的时候，其幼果膨大速度非常慢，这么多的小果挤在一起，要落的时候一起落，所以非常难保果。

无核沃柑的春梢不要太旺，旺了保不住果。砂糖橘要春梢短短的，那就比较容易座果。还有一个问题也是关键，春梢的叶片很多人用氨基酸或活性肽叶面肥把叶片颜色调成深绿色有利于保果，如果嫩梢的叶片一直都是黄色，那保果也很困难。还有拉枝，也很重要。枝要拉成开心形，幼树中间要有领导干，但是枝和枝之间要保持比较大的距离，再加上水溶肥的调节，保花保果等措施。要形成一个目标的株型，理想的结果就是这样——果很多，个头也比较大，分布比较均匀，品质很好。树形要有利于通风透光，如果品质不好只是丰产，那也没用。

无核沃柑是要保果的，在谢花之后喷保果药，喷完保果药之后，要环割环剥保果。如果不拉枝，枝条太挤太密了，也座不起果。无核沃柑的夏梢比较多，要用杀梢剂杀梢，杀梢剂的使用浓度要低，千万不要增大杀梢剂浓度，防止把果皮打花了。杀梢剂不要求像打除草剂一样，梢很快就蔫。只要使它变黄了，梢长不动了就可以了。无核沃柑的幼果长得像癞蛤蟆皮，很粗糙。

图20　香橙砧木要环剥保果

图21　枳砧拉枝就能丰产

图22　夏梢最爱发生，且容易冲脱幼果

图23　无核沃柑幼果

五、关于无病毒苗推广的必要性

这几年，我们深切感受到了推广使用无病毒苗的必要性，湖南、湖北、江西、广西推广枳壳砧的金秋砂糖橘带病苗木，让很多的种植户种得倾家荡产。所以，我们又花了很大的精力，在湖南建立了一个无病毒的安全种苗的苗圃，都是枳壳砧。这些一年生苗木整整齐齐，基本上都长到1 m高，长得非常漂亮。但是这些株苗，要销售还是遇到了很大的困难，因为市场上这个品种带病的苗木多，它的价格相对来说要便宜很多。

图24

我们培育那么多无病苗木，2年生的无病苗大苗是卖20元钱一株，1年生的卖9.9元。而盗版的苗木才卖2~3元钱一株。无病苗大苗种下去能够给业主老板节约一年的培育成本，管一年树的话，地租、人工与农资各项费用总要几千块钱。但是种大苗的话，直接就节省了这一年的开支。所以无病苗卖20元钱一株，一亩地栽50株，还是很便宜。为了防止这个品种的苗木严重过剩，我们也进行了这品种权的维护，虽然说我们真的是力不从心，但是也感谢地方政府的支持，还是把一些带病的盗版苗木直接烧掉了。湖南怀化整个苗圃的苗木就烧了，还有很多地方把苗木粉碎了，也处理了的。但是我看到在江西有些地方农贸市场竟然还打着金秋砂糖专卖店的牌子，长年叫卖。维权行动还会加强，很快可能这个地方的苗要烧掉。我们正在检测，如果检测的都是病苗，烧苗就没什么阻力。

图25

　　无病苗生长速度的经典案例，是在广西隆安县纳桐镇南宁祯禧堂基地，在这个基地里的无核沃柑，18个月的时候已经长得把身高1.7 m的人比下去了，看起来很大一株树。第三年结果，初次一结果的树，平均每一株就结了110斤。在广西，很多人现在都喜欢种无病苗，无病苗栽下去第三年普遍都能收回成本了。只要这个品种的价格能够卖5元一斤，直接就能在第三年收回成本。

图26　091无核沃柑2016年3月底栽苗

图27

作者简介

　　曹立，研究员。长期从事柑橘常规育种工作，育成的新品种代表有金秋砂糖桔（中柑所5号），是我国第一个商业化推广的杂交柑橘新品种，也是第一个获新品种权保护的杂柑品种。得益于产业化应用成功，该品种成果转化到位知识产权费1350万元。金秋砂糖桔销售期从9月初至12月底，果实售价超过一系列顶级洋品种杂柑。育成的阳光1号，同时兼具"不育系"与优质型品种特性，综合了柑、桔、橙、柚多重风味口感，极受市场欢迎。曹立带头研发的"缩短杂交柑橘童期"发明专利方法，打破了"桃三李四柑八年"的生物学规律，加快了杂交柑橘育种进程，为我国杂交柑橘育种赶超发达国家，奠定了坚实基础。

　　主研方向：开发柑类、橘类、橙类、柚类、柠檬类、金柑类与野生半野生种质资源，加速育种进程，创新不育系，运用杂交、诱变、三倍体育种、单倍体育种和分子标记等多种方法，选育无核、高品质、高颜值、高效益的新品种。同时选育对酸性土与碱性土壤通用的多抗广适广亲和的杂交砧木品种，以及药用、加工和观赏园艺品种。

新技术

03

柑橘树整形修剪

西南大学/中国农业科学院柑桔研究所　邓　烈

编者按

　　树形，会影响果园空间，也会影响光能利用，因此在果园的生产管护过程中，我们需要通过合理的整形修剪，不断优化树形，让果园群体的"形"、果树个体的"形"和枝组微观的"形"得到兼顾，从而实现果园优质丰产和综合效益提升。

　　本文作者邓烈研究员，原为中国农业科学院柑桔研究所二级研究员，长期从事柑橘花芽分化机理及调控、营养代谢与缺素矫治、水分代谢与节水灌溉、品质形成机理与优质化栽培、果园生态经济系统构建、轻简高效整形修剪及树体微环境管理、逆境生理与抗逆栽培、完熟栽培与提质增效等理论研究与技术集成。他的网课《柑橘树整形修剪技术》，系统讲解了为什么要修剪、怎么塑造丰产的树形，哪些生理特性影响修剪，各种修剪处理后会出现什么样的后效反应，以及修剪方面的一些操作技巧。

　　整形修剪是柑橘树优质丰产和持续增效的重要技术和手段，是技术难度最高的技巧性作业环节，要实现持续优质丰产必须学会科学合理修剪。本课是非常难得的柑橘整形修剪技术的精辟解读，后续还搭配了实践课，便于种植户学习。

一、基本概念

1.1 定义

柑橘树的整形修剪，是栽培者为了使柑橘植株形成并维持适当的树体结构，合理调节树体枝梢及植株不同生长发育过程之间的平衡，达到早结、丰产、优质、稳产和高效的栽培目的，而直接对树体实施的一切剪枝或其他类似作业的手段。

我们进行的整形修剪，既要体现培养良好的树体骨架结构和叶幕结构的"整形"功能，还要注重调节树体器官之间以及营养生长和开花结果等方面的协调平衡，可见整形修剪工作会贯穿柑橘树从春季萌芽至入冬休眠的年周期过程，还包括从苗木定植到衰老的生命周期，是柑橘园持续获得优质高产和稳定高效生产的重要技术保障。柑橘树整形修剪除通常对枝梢进行的修剪处理外，还包括断根、拉枝、揉枝、环割、刻伤、抹芽放梢等广义上的树体修剪处理手段。

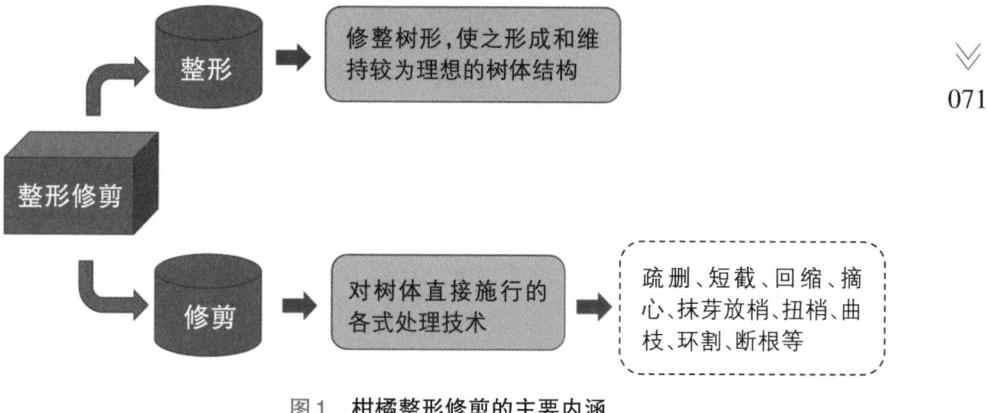

图1　柑橘整形修剪的主要内涵

1.2 目的意义

1.2.1 培养合理的树体结构

柑橘植株的树形由树冠内在骨架的"构形"和树冠外表叶幕的"形态"构成，是主干、各级主枝和枝组等树体骨架数量、大小、结构和姿态等的综合影响下的空间形态反映，对枝梢和根系的生长及花果发育等有着极大影响。"树形"影响果园空间与光能的利用，从而影响植株及果园的优质丰产和综合效益。因此，合理的整形修剪应同时兼顾一个果园的群体"形"、一株果树的个体"形"和一个枝组的微观"形"。

较为合理的树体结构，应体现骨架紧凑牢固，能承受枝、叶和果实的压力；树体结构分布合理，空间利用率较高，树冠层次分明，有利于通风透光；合理的树体结构，能使植株具有最大的立体结果容积、尽可能多的载果枝组和优质生产特性。

合理树形，首先需与品种的生长结果习性相适应，如柚类、柠檬、甜橙等长势强旺的品种，宜培育具有较高主干、较大干距和较大树冠体积的树形；而温州蜜柑、杂柑类等枝梢易下垂，长势偏弱的品种则不适宜主干形树形。其次，通过实施的整形工作，能使植株枝梢充分占据与利用应占的空间，促进尽快扩大树体结构，尽早占满果园空间，从而尽早实现早结、优质、丰产的栽培目标。此外，培育的合理树形能够最大限度地截获太阳光能，保障树体优质丰产必需的光合产物净积累；合理的整形修剪，还要有利于栽培者的农事操作，以及农业机械在果园的运行和各项作业。

1.2.2 促进早结丰产稳产

果树从苗木到开花结果，通常情况下，植株要经历不断抽梢分枝、树冠扩大与树势缓和的过程。因品种的不同，柑橘植株从幼龄状态过渡到开花结果一般需要完成 7~8 级分枝。随着分枝级数的增加，植株枝梢数量亦不断增加，导致树体氮素营养分散和大量叶片带来的光合产物积累，使枝叶碳氮比增高而促进花芽分化，从而使植株从幼龄期过渡至开花结果期。因此，无论是新定植苗木果园还是高接换种果园，都应注重采用短截、摘心、揉枝和长放等修剪手段，促进树体较多分枝，使枝梢数量快速增加。这是实现果园早结果和早丰产的重要栽培措施。

1.2.3 克服大小年

柑橘树的大小年结果现象，是指树体一年结果过多导致翌年结果过少，以及一年结果过少导致次年结果过多的交替结果现象。结果较多的年份为大年，结果较少的年份是小年，大小年现象一旦出现就可能不断交替发生，使得树体始终处于营养供给不平衡、树体产量和果实品质不稳定的状态。

柑橘植株的生长发育需要消耗大量的养分和水分，如果树体出现营养供给不当或不平衡等问题，就可能诱发大小年结果现象。在大年结果期，树体营养物质不断向果实运输，使树体枝叶和其他器官获得的养分大量减少，导致植株在当年秋季的花芽分化大幅减少，使得下一年度成为小年树；在小年结果期，由于植株挂载的果实很少，树体的有机营养物质积累较多，则有利于秋季的花芽分化，致使下一年度大量开花结果，而成为"大年"。出现这种现象的果园，其大、小两年的平均产量明显低于稳产树（园），而且树势和果品质量都受到较大影响，长此以往还可能缩短盛果年限，降低果园总体经济效益。因此，科学修剪调控树体营养平衡，尤其是对大年树及时进行疏花疏果，或者对小年树注重冬季短截修剪减少春季开花量，可防止大年结果现象发生。

1.2.4 提高果实品质

柑橘果实品质发育，既受制于树体载果量和营养供给，也取决于树体通风透光状况。通过良好的整形修剪，可以调节树冠合理的载果量和载果部位，为果实发育提供良好的营养保障，促使果实大小适中、果形整齐；合理的整形修剪，还可改善树体光照条件，促进果实可溶性固形物积累和色泽发育，外观品质和内在质量均可得以提高。柑橘生产中常通过实施合理的整形修剪，以调节枝叶和果实之间养分的合理分配，防止梢—果矛盾，实现营养生长和果实发育的协调平衡；通过整形修剪还能够促进树体骨架结构优化和枝梢合理分布，可减少果面擦伤。

1.2.5 延长经济结果寿命

果树的生长发育实质也是一种物质能量的合成、集聚、转换和平衡的调节结果和表现形式。根系不断从地下吸收水分、矿物质等能量；叶片不断进行光合作用将光能、二氧化碳和水分等合成有机物质和能量；地下部和地上部的物质和能量相互运转和补充，成为树体生长发育的物质基础。我们的多项修剪措施都可促进这些能量物质更多地向目标产物运转，实现收益最大化。柑橘树的生命周期始于幼龄期旺盛营养生长，逐渐过渡到开花结果期、盛果期，再到衰老期产量逐渐降低和树势衰退，直至死亡。在这一生命周期中，如果能够实现提早丰产和延迟衰老的进程，便可使柑橘树获得更长的经济结果年限，为栽培者带来更多的累计经济效益。新定植柑橘园，通过幼树期的多短截、少疏删的整形修剪原则，加快促进分枝和叶幕层的增加，缓和植株生长势及碳水化合物积累，进而促进开花结果，提早实现丰产；通过对盛果期植株的及时更新复壮修剪，优化调整骨架枝条和果实承载数量，可以减少营养过多消耗或供给分散，达到营养生长与生殖生长的相对平衡，进而延长优质丰产年限；植株转向衰退趋势时，及时通过重度更新复壮修剪，可以刺激抽生旺盛枝梢，使树体减碳增氮促进生长势转旺，以此可对衰退枝组复壮或对衰老植株更新，显著延长果树的经济结果寿命和果园经济高效产出时间。

果园生产能力的决定因素之一是果园的有效树冠容积大小，只有当果园的单位面积树冠有效容积最大化，才可能实现果园的优质丰产和高效稳产。一个果园从建立到衰亡，必然经历树冠容积从小到大，树冠叶幕由稀疏到郁闭，果园产量从低到高再到低的过程，相应果园会出现前期无产或低产，后期产量快速下降等问题（图2），如果不及时进行调控，则会对果园有效经济结果年限和果园总体经济效益产生显著影响。通过计划密植栽培，早期加大植株密度和加速树冠形成，可以有效提升早期产量；盛果期以后注意大小年平衡和树体衰退的防控，有计划间伐植株、疏剪枝干和更新修剪，可以提高果园和植株通风透光能力及树冠光合效能，持续保持健壮树势，进而延长果园的高效产出。

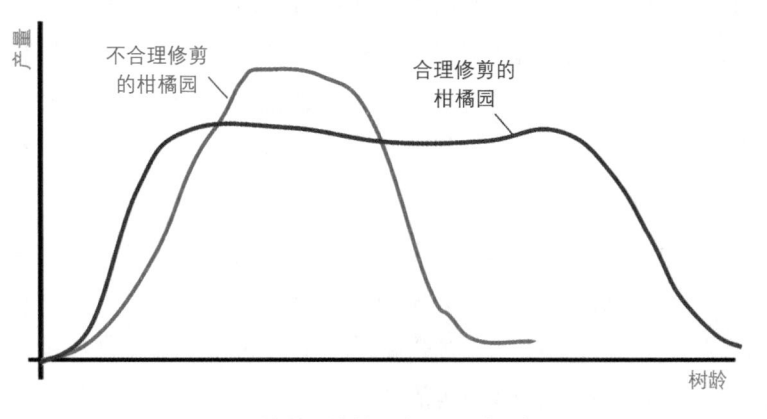

图2　植株经济结果年限比对示意图

1.2.6 提高树体抗逆力

果树为多年生经济作物，一旦定植就长期立足于定植位点，而这个区域的土壤营养、水分和气候环境等因子可能会对果树产生持续的影响。通过合理的整形修剪，可以在一定程度上减轻一些不利因素对果树的不良影响。例如，定植于山头的植株，由于土层较浅，土壤养分与水分相对缺乏，通常情况下树体长势较弱一些，因此对于山头瘠薄土地中的柑橘植株，可通过整形修剪使树冠减小一些，反之，定植在山脚沃土中的柑橘树则可培育较为高大的树形。对于一些对炭疽病、黑心病、褐斑病等病害较为敏感的品种，需要在整形修剪时注意疏剪和打开树体"窗户"，保持叶幕的通透，降低冠层空气湿度，提高果园通风透光能力。此外，在热量较高的地区，为了加快树势缓和及提高植株开花着果能力，对幼旺树应注重摘心或揉枝，促进其分枝和新梢提早老熟；在整形修剪中及时剪除带病虫的枝叶，可减少树体的病虫基数，减轻病虫为害；在多风地区，培养矮干小冠的树形，以减轻风害。

1.2.7 降低管理成本，提高工作效率

通过整形修剪培育篱壁型树形、矮化型树形或开心型树形，便于机械化作业和人工的农事管理，提高管理过程工作的效率。通过合理修剪，使得树体冠层枝叶疏密得当，通透性良好，可提高冠层喷雾作业的效率和药（肥）液雾滴的穿透与分布的效果，节约肥料和农药成本的同时，施肥施药效率也得以提高。

1.3 整形修剪原则

1.3.1 因地制宜

柑橘树整形修剪，需要考虑果园和果树的立地环境，不同生态条件和不同立地环境等，对柑橘树体及其整形修剪反应具有不同的影响。因此，修剪工作必须因地施策，例如在南亚热带地区柑橘树可放梢4次，在中亚热带地区则只能3次；在湿度高或土层深厚的地方宜用高干树形，在山顶或土层较薄的区域宜培育矮化树形。

1.3.2 因树修剪

以优质丰产为生产目标的整形修剪，应充分考虑树体的品种和砧木、砧穗组合、树龄、生长势、挂果量等因素，实施"看树修剪"。密植园需采用矮干小冠、篱壁型种植则需控制分枝长度；大小年树需采用不同的枝梢修剪策略，球状结果习性的品种则要注意多短截当年新梢。

（1）品种

对乔化砧或长势强的品种，宜培养较高大的树形，并在投产前轻剪，以多疏删和拉枝，少短截为原则进行修剪；对具枝条长或披垂特性的品种，如温州蜜柑，及时对长梢摘心或短截；对分枝角度小而丛生性明显的椪柑等，要注意"掏心"疏剪和拉开角度；对于以当年生春梢为主要成花母枝的品种，如金柑

类，宜在春梢萌动时短截所有枝条，并进行拉枝，促使树冠内外抽生大量成花母枝；柚树要尽量疏剪旺枝和保留弱小枝梢，杂柑类需要特别注意"掏心"方式的疏散修剪和结果枝组的母枝短截。

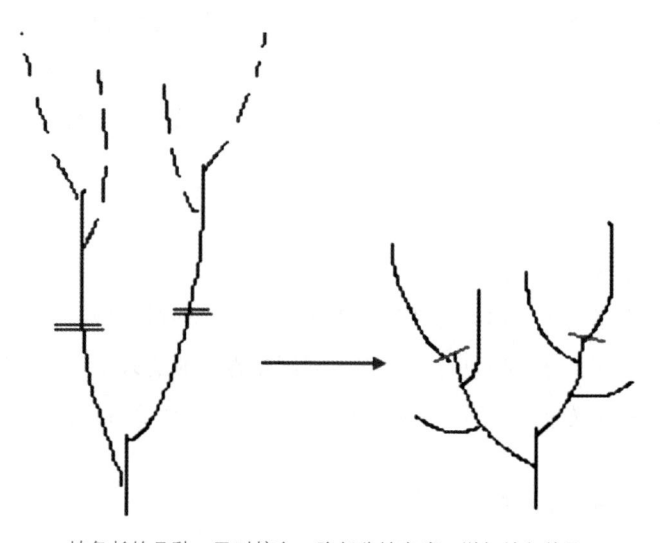

枝条长的品种，及时摘心，降低分枝高度，增加枝条数量

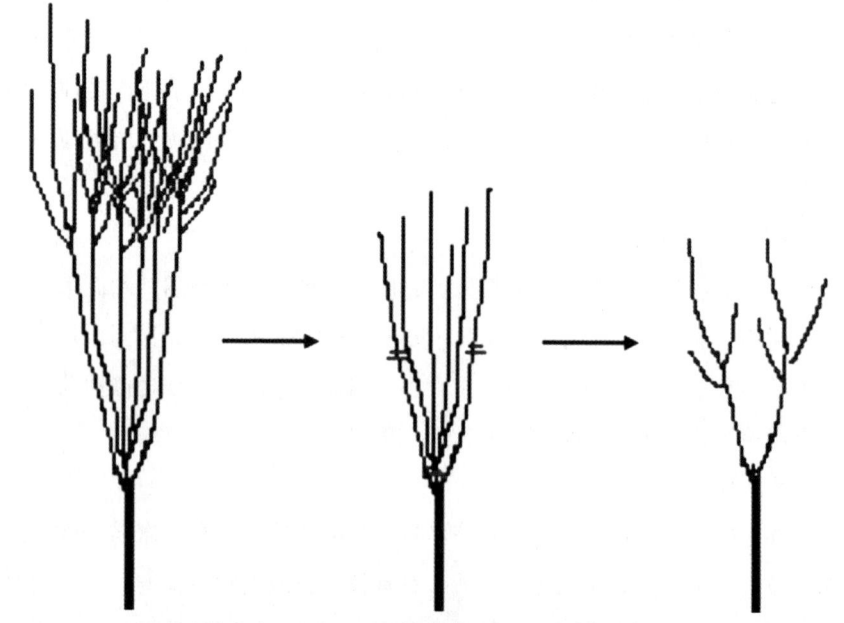

对于丛生性品种，及时掏心，可以使枝条分布适中，枝梢生长健壮

图3 对于不同生长习性的植株修剪方法适宜图

（2）树龄

不同树龄的植株，其栽培管理的目标和要求都有所不同，因此对整形修剪也应有不同的目标和方案。一般来说，幼龄树主要是扩大树冠，培养骨架，修剪工作以培养中央干和主枝骨架为主，尽量轻剪，主要处理骨干枝的延长枝；对初结果树需要在继续促进扩大树冠的同时，不断调控单产的增加，因此修剪应以疏短结合，抑制旺梢，促进花芽分化为主要手段；盛果树要注意及时回缩更新树体，宜重剪，注重回缩更新，使植株丰产和复壮兼顾，注意树冠开窗，调节大小年平衡；衰老树实施重度回缩或骨干枝短截，结合断根促根，疏花疏果，促使树体更新复壮。

（3）树势

理想的柑橘植株应树势中庸。对于不同树势的植株宜采用扶弱抑强原则处理。对于长势强旺的植株，宜轻剪，尽量不短截，以疏剪为主，去强留弱，结合长放和拉枝以缓和树势，促进开花结果；中庸树要在及时回缩衰退枝组、结果后枝组的基础上，适当短截处理当年生的较多营养枝，维持营养生长与开花结果的相对平衡；衰弱树宜重剪，应在重施肥水和根系更新的前提下，疏散密弱枝组，短截所有当年生营养枝，甚至短截侧枝和副主枝，以减少花果量，促进营养生长。树势调控还要注意地上部和地下部的平衡，适当实施对根系的断根复壮处理，也会对树势调控发挥良好的作用：对强旺树进行秋季断根晾根，可促进树势的缓和及花芽分化；对衰弱树断根追施有机生物肥，可以促进大量须根发生，从而促进地上部的长势和产量的增加。

1.3.3 促抑得当

柑橘树体管理的核心，就是调控其生长结果的动态平衡，其中有效的方法是通过恰当的促进和抑制手段，调控树体生长与结果的平衡、树冠与根系的平衡、产量与品质的平衡、大年与小年的平衡、丰产与稳产的平衡。要正确应用不同的修剪方法，分别实施长梢与结果、主枝与侧枝、骨干枝与内膛枝组、地上部与地下部等关系的合理促抑调控，通过兼顾眼前利益与长远利益的调控，实现柑橘植株和果园的优质、丰产和稳产。

1.3.4 立体结果

整形修剪的重要任务是培养良好的树体结构和丰产稳产的枝序组成，以实现树冠通风透光和立体结果。在整形中，要尽可使树冠叶幕呈波浪形，将光线引入树冠内膛，使内膛枝叶能正常生长发育，扩大有效容积；同时注意内膛枝组的培育，使植株形成较大的结果容积，进而实现柑橘树立体结果。

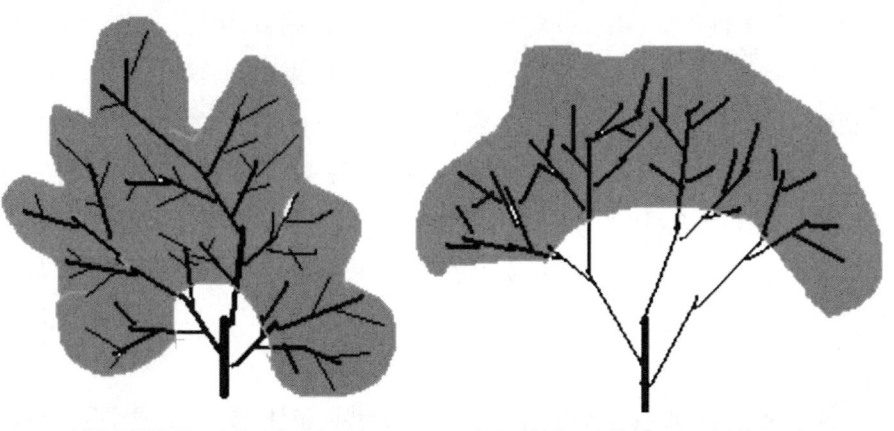

树冠呈波浪形，有效容积大，
立体结果，载果空间大

鸡蛋形树体，有效容积小，树体表面积果

图4　两种不同结构树体的有效叶幕体积对比示意图

二、整形修剪的生物学、生理学基础

柑橘树的修剪，应在充分了解柑橘有关生物学特性、立地环境条件及各种修剪方法反应的基础上，方能进行合理的修剪处理，从而达到优质、丰产、稳产的目的。

2.1 柑橘有关生物学特性

2.1.1 复芽

柑橘植株的芽实际上是由一组鳞片包裹住的一个微缩的枝梢组织原始体（雏梢），也就是说柑橘芽内包含着一个高度压缩的"茎"和其上附着的若干"芽"的生长原基，这些芽原基都具有萌发生长形成枝梢的能力，因此称柑橘的芽为复芽。柑橘复芽中，雏梢最顶部的芽通常会优先萌发出来，因而叫主芽，主芽下部的其他"侧芽"一般在主芽不能萌生或受损后再后续萌发出来，因而叫副芽。主芽萌发后副芽潜伏起来便成为隐芽，但柑橘隐芽组织只要未受到损伤，都能够长期保持生命活力及该芽形成当时的年龄时期。当主芽受到损伤，或进行重度短切或回缩后，便会刺激副芽萌生出若干个新梢，并保持更强的生长势和相对幼龄的生理状态。利用这个特性，可在柑橘树萌芽期抹除先期萌发的较少嫩芽，以促进后续萌发更多的新梢，这便是抹芽放梢；也可对衰弱树进行重度短截，诱导下部年龄时期较小的隐芽萌发出强旺新梢，实现衰老树的更新复壮。

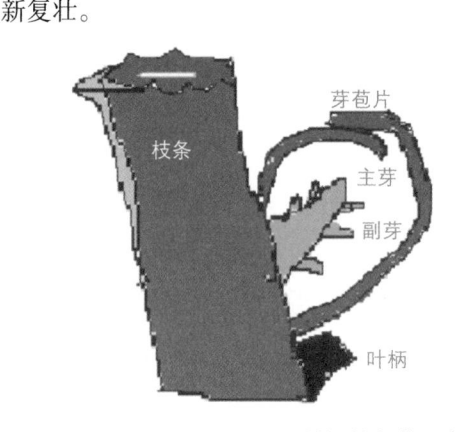

图5　柑橘的复芽示意图及复芽萌芽状态

2.1.2 芽的潜伏性和年龄时期

柑橘芽不可能形成后全都能萌发抽梢。未萌发的芽则成为隐芽，在树皮下潜伏，亦称潜伏芽。柑橘芽寿命很长，只要芽组织未受到损伤，可在树皮下长期潜伏不萌发，并始终保持该芽形成之时的年龄时期和生长势，也就是说形成越早的芽，其年龄时期越小，也就具有更强的生长势和幼龄性。

图6　柑橘芽的潜伏性及长期潜伏与诱发萌生

利用隐芽始终保持其年龄时期和生长势的特性，在修剪时如果将枝梢剪除一段，或在枝梢上芽眼附近皮层进行刻伤，都可刺激隐芽萌发，促使抽发具较强生长势、较幼年龄时期、相对强旺的新梢。因此，对衰老树或衰退枝组进行更新复壮修剪时，可采用露骨更新或主枝更新。

2.1.3 芽的早熟性

柑橘芽在新梢自剪、叶片转绿后的较短时间内就可发育成熟，形成新梢萌发能力并再次抽生成梢，这就是柑橘芽的早熟性。只要水分和养分供应充足，气温适宜，老熟新生芽会随时萌发抽梢，形成一年四季抽梢习性。由于柑橘树的周年抽梢习性，柑橘树相比其他果树可以更快地增加枝梢数量，降低分枝高度，形成丰满的树冠结构，提早获得丰产。当然，由于这一习性的存在，也导致热量较高区域的柑橘树抽发晚秋梢和冬梢，而采用摘心处理可促使新梢提前老熟，减少幼嫩枝梢受冻害的风险。

2.1.4 顶芽自剪

柑橘新梢往往会在停长以后发生顶芽发黄、枯死脱落现象，称之顶芽自剪。顶芽自剪后，这个枝梢只有依靠其下的侧芽萌发继续向上生长和延伸，顶芽自剪后位于枝梢最顶部的侧芽取代了原来的顶芽，具有了最易萌发、抽梢最长、分枝夹角最小等顶芽的特征，因此被称之为伪顶芽；由伪顶芽抽生的新梢不可能继续沿着原来顶芽的方向轴向延伸，通常会以一定的分枝角度向上延伸，称作假轴分枝。由于顶芽自剪和假轴分枝，形成的骨干枝会呈现出波浪状交替延伸态势，发育出的中央干也就难以保持笔直向上延伸，这样形成的主干形树体结构称作变则主干形，而不是真正的主干形树形。利用"假轴分枝"习性进行整形修剪，有利于降低分枝高度，培育矮化紧凑的树体结构和树形。

顶芽自剪：发黄、枯死、脱落　　　顶芽自剪以后的状态

图7　柑橘新梢顶芽的自剪现象

2.1.5 顶端优势

在直立或斜生的枝梢上，越近枝梢先端或位于上部的芽越易萌发，且所萌发新梢的长势越旺，新梢与母枝夹角越小；越是下部位置的芽萌发率越低、生长量越小，枝梢基部的芽几乎不萌发而成隐芽，这种现象称作顶端优势。也就是说，对于直立枝和斜生枝，顶芽萌发后生长最旺，第二芽以下生长渐弱，且角度逐渐加大，中下部的芽萌发后仅形成短枝（图8）。

顶芽强旺，下面芽生长势依次减弱　　　　水平枝萌芽率高

图8　直立和水平枝梢的顶端优势现象

若枝条呈水平生长姿态，其上所有的芽都位于一个平面上，没有相对的生长顶点，因此所有的芽都不具备顶端优势，但是其向上方向的背上芽较易萌发，枝条下侧的芽难以萌发，则此类枝背上萌发出的芽和新梢会直立向上，且在相互之间具有较为一致的生长势（图8）。

弯曲枝条的顶端优势出现在该枝条隆起弓背部位的最高点，弓背顶部芽所抽生的新梢通常较为直立、强旺。也就是说，水平枝通常会在背上部位抽发较多新梢，且新梢的长势大多基本一致（图9）。

下垂枝条则容易从其基部或中后部相对位置定点的萌芽发出较旺枝梢，甚至基部的隐芽也可能萌发成徒长枝，而下垂枝条顶部的芽则大多不容易萌发。由于顶端优势特性的影响，放任不剪的柑橘树会出现上强下弱、内膛空秃，使枝叶和结果部位外移或上浮现象（图9）。

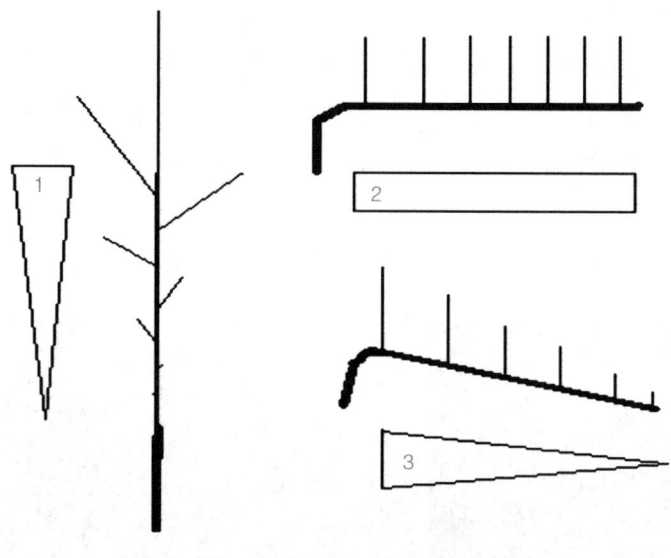

其中1、2、3示意芽的萌发力与新梢长度变化动态

图9 不同着生姿势的枝条的顶端优势示意图

对枝梢进行短截后，通常情况下剪口下的第一芽便获得了顶端优势，萌发的枝梢生长较直立，长势较强旺。但对斜生枝短剪时，若剪口芽留在枝梢外（下方），第二芽位于侧上方，剪口第二芽所抽发的新梢的长势可能与剪口芽相近，甚至可能超过剪口芽。若剪口芽留于枝梢侧上方，则剪口芽所抽生新梢的长势会强于第二芽所抽发的新梢，并导致第二芽所发新梢的分生角度加大，长势相对较弱，此后再剪去剪口芽及其所抽的新梢，便可使得留下的位于顶端的枝梢保持较大分枝角度和较弱的生长势，防止延长枝生长过强、过直立，而采用"里芽外蹬"开张角度的原理所在。在修剪中常用此方法调节分枝的位置和新梢的生长势。反之，则可通过外芽里蹬处理，促进骨干枝延长枝更加直立和强旺。

2.1.6 分枝角度

分枝角度是指枝梢与地面垂线之间的夹角。新梢的分枝角度越小，即其生长会越直立，新梢的生长势亦越强，顶端优势越明显，且不易花芽分化；反之，枝梢的分枝角度越大，其生长势会越弱，由于枝梢生长受到抑制，容易形成花芽，并且其负重力较小，很容易出现果枝折断现象。枝梢开张角为度保持45°~60°时，新梢生长势中等，有利于柑橘植株开花结果。

图 10　枝梢不同分枝角度对抽发新梢的影响示意图

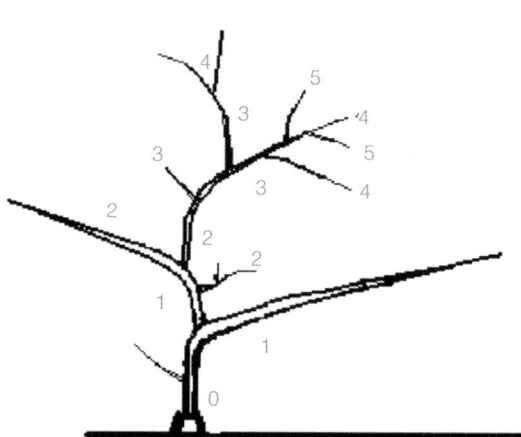

图 11　甜橙分枝级数与长势关系示意图（数字 0～5 示分枝的级数）

2.1.7 分枝级数

　　柑橘树从幼苗到衰老的过程，是通过枝条的不断分枝而演变的。柑橘树通常以主干为 0 级，每增加 1 次分枝，分枝级数就提高 1 级，新梢长势逐渐减弱，也就是说分枝级数越高，生长越弱。作为 0 级分枝的主干，其上的芽和抽生的枝条的年龄时期较小，具有幼龄特性和强旺的长势；同一分枝级数的枝条具有相同的年龄时期、生长势和开花结果能力。甜橙实生树通常需分枝级数达到 9～15 级时才开花，25 级时进入盛果期，分枝级数超过 35 级时树势便会趋于衰老。

　　在整形修剪中，为了更新复壮树体或衰退枝组，常常需要进行短截或回缩，从较弱枝组或骨干枝的下部枝干处短截去前段部分，诱发其下部位分枝级数较低或年龄时期较小的芽萌发，降低萌发芽的分枝级数，使其抽生出长势旺盛的新梢，促进树势复壮。对生长旺盛的植株、幼树或枝组，可在生长季节对新梢反复进行摘心，以促进分枝级数提高和分枝级数增加，加快树势生长势的缓和，促使植株开花结果。

2.1.8 分枝数

从一段枝或枝组上抽生出新梢的数量称为分枝数。在养分一定的条件下，一个植株或枝组分枝数越多，新梢能获得的养分则越少，其新梢生长势就越弱。因此，可以把分枝数作为对柑橘植株树势强弱的标志或评价指标。

对于弱树或衰弱枝组，可通过疏删处理，减少密弱小枝数量，使所留枝梢获得较多的养分，生长势和结果能力可逐渐增强。对于幼树、旺长的植株或枝组，可通过摘心、拉枝等处理，促发更多分枝以缓和生长势，有利于植株的开花结果。

2.1.9 枝梢与枝组

由于柑橘芽的早熟性，在其发育成熟后只要气温适宜就能接连萌发新梢，因此柑橘树一年四季均有可能萌芽抽梢，在亚热带主产区一般抽生 3～4 次新梢，主要为春梢、夏梢和秋梢，在南亚热带—北热带还可能抽生晚秋梢和冬梢。

柑橘树的多次抽梢和不同季节抽梢特性，使得一株柑橘树上可能存在春梢、夏梢、秋梢等"一次梢"，还有春夏梢、春秋梢和夏秋梢等一年接连抽生二次枝新梢的"二次梢"，甚至还有接连抽生三次新梢的"三次梢"，即春夏秋梢。柑橘树上的枝梢种类这么多，但开花结果的枝梢主要是春梢营养枝和秋梢，多次抽梢的二次梢和三次梢则主要在其末次的梢段上成花。

柑橘树的多次抽枝、连续抽枝习性，一个枝条上面可连续几次抽梢分枝，形成一个相对独立的枝梢群体，称之为枝组，使得柑橘树上的枝条大多以枝组形式存在。柑橘树冠的每个枝组着生在一个基枝上，其上分生出枝组的多级、多个枝梢的营养供给都由这个基枝输送。因此，随着分枝数的增加和开花结果对营养的消耗，结果枝组的养分供给都会趋于变弱或不足，使得后面发出的枝梢逐渐趋于衰退。在树体管理中应对结果以后的枝组，以及对分枝较多或分枝级数较高的枝组，及时进行回缩修剪或基枝上的短截，以减少枝梢和数量和降低分枝级数，使得植株或树体更新复壮。

柑橘树体的不同枝组之间具有明显的相对独立性，一个枝组上的枝梢群的生长发育和结果对营养的消耗，不会（或较小）对其他枝组的枝梢产生显著影响，因此在同一株树上可以出现枝组之间轮换结果现象，可利用此特性进行枝组轮换更新修剪和枝组轮换结果，合理保持树体一部分枝组结果，另一部分枝组营养生长，使植株形成相对平衡稳定的产出和生长势。

2.1.10 植株的整体性和枝组的独立性

在适宜的土壤、气候和管理水平条件下，成年树柑橘的整体生长势和载果量是相对均衡稳定的。当植株树冠内的某些枝组、侧枝甚至主枝上的挂果量减少，树体中其他部位的座果率会有一定程度的提高，果实体积也会有所增大，使得单株产量不会因此明显减少，表明树体自身有着总体上的自身调控能力，体现出植株的整体性。在柑橘植株的生长发育中也可经常见到另一种现象，即树体中的某些部位挂果较多或长势较旺盛，而树体的另外一些部位结果较少或长势较弱，一些枝组和侧枝甚至可能年度之间轮换生长和结果，表现出树冠内不同主枝、副主枝、侧枝或枝组之间各自具有的相对独立性。栽培管理中可以对树体进行有计划地轮换结果处理，让一些枝组当年结果，而另一些枝组当年只进行营养生长而不开花结果，下一年角色互换，从而使植株整体的生长与结果达到相对平衡，有利于实现连年丰产稳产。

2.1.11 成花母枝与结果母枝

柑类、橘类等大多数柑橘品种的花芽分化开始于秋梢自剪以后，秋冬季进行花芽生理分化，春季抽生出带花蕾的春梢。因此，抽生出的带花蕾的新梢就是花枝，反之则是春梢营养枝。着生花枝的基枝（上年枝梢）称为成花母枝；当成花母枝上的花枝正常开花坐果以后就成为结果母枝，如果花枝上的花或幼果脱落了，则称落花落果枝。柠檬、四季柚等可由上年枝梢或当年的新梢分化形成花芽，金柑只在当年抽生的新梢上分化花芽，因此一年可以多次开花结果。由于这些品种的成花母枝不尽相同，修剪时应注意预判和区分树体上的成花母枝，实现对花果量的合理修剪调控。

柑橘树虽然一年多次抽梢，树体中枝梢类型较多，但其花芽分化都从末次梢段顶部开始，自上而下进行分化花芽。修剪时，如果保留成花母枝不剪（长放），这些枝梢可萌生出花枝；如果对其进行中度至重度短切，则可去除该枝的成花枝段，使得该枝条不出现花枝。柑橘植株一年多次抽梢，都可能成为成花母枝，但成花能力有所差异，甜橙、橘类和杂柑等大多柑橘品种，枝梢成花可能性从高到低为：春梢营养枝、早秋梢、弱夏梢、秋梢、强夏梢、晚秋梢、落花落果枝、徒长枝、结果枝、骨干枝。

不同生长势的柑橘植株，从树势强弱与成花能力相关性看，强树主要以弱枝开花为主，主要靠弱枝稳果；弱树的全部枝梢都可能开花，但只有强旺花枝能够稳果；中庸树则以中庸枝开花结果为主。

柑橘园可能出现大年树、小年树和稳产树，这些植株上一年载果对其下一年的成花能力具有很大影响，当上一年载果过多时，会强烈抑制植株花芽分化，使得翌年的花量稀少，成为小年树；上一年结果量少的植株，第二年的花量则较多而形成大年树。稳产树结果量适中，可保证树体既能够实现当年丰产，还能分化足够的花芽保障下一年丰产。通过合理的整形修剪，结合疏花疏果和树体养分管理，可以实现大、小年树向丰产稳产树转变和果园的持续丰产稳产。

表1　不同生长势柑橘植株的开花着果特性比较

树类	强树	弱树	大年后植株	小年后植株	稳产树
主要梢类	旺盛枝梢	衰弱枝	弱春梢	健壮春夏梢	适量春秋梢
成花母枝	弱枝	全部枝	强壮春、夏梢	全部枝	春、秋梢
花量	少	多	少	多	中
稳果的母枝	弱枝	强枝	强枝	中、强枝	中庸枝
座果率	高	低	高	极低	高

2.1.12 植株地下部与地上部的相互关系

柑橘植株由地上部的树冠和地下部根系所组成，地上部分和地下部分相互影响，通过互促互抑调控树体生长与结果的动态平衡。果树地上部与地下部的相互关系常用根冠比（冠/根的体积比例）来表示。幼树阶段，植株根系相对较大，枝梢和叶片较少，根冠比值较小，根系向地上部枝叶输送的氮素、矿质养分、水分和内源激素等相对充足，地上部枝梢生长旺盛，植株不开花或开花能力较弱，这一阶段称为离心生长时期，后幼龄期。当根系基本形成、较长延伸和长势减弱以后，随着树体枝叶大量生长和数量增加，逐步达到树体的根系与树冠的动态平衡，植株便进入开花结果和丰产稳产阶段。随着树龄的增长，树体冠层枝梢和叶片数量大量积累，形成庞大的枝叶群体，而根系由于延伸较远或须根数量减少，必然带来对树冠的营养供给不足，导致地上部长势趋缓或趋弱，逐渐出现植株衰退老化现象。

在果树生长发育中，一旦这种动态平衡被打破，植株生长势会陡然转旺或衰退，就需要进行人工干预调控。通过摘心、疏删、回缩或断根等合理修剪及肥水管理，及时有针对性地对地上部和地下部实施抑强扶弱，促使地上部和地下部生长发育的协调平衡，可以保持植株的长期健康生长和丰产稳产，延长经济结果年限。

2.2 柑橘树修剪方法及其反应

2.2.1 短截（短切）

对一年生枝或多年生枝剪去其一部分的修剪方式称短截或短切，离剪口处最近的芽叫剪口芽，剪口芽萌发的新梢为剪口枝。通过短截处理，剪去枝梢的一部分，可促进留下枝段上芽的萌发和生长。短切亦可去掉枝梢顶端的主要成花部位，发挥促进营养生长、减少花量、降低分枝高度等作用，是一种促进营养生长的修剪方法。剪切掉的枝段小于原枝条总长度的约1/3，可称轻度短切；剪切去整个枝条长度的约1/2，为中度短切；剪切掉的枝段长度约为原枝条长度2/3的，可称重度短切。

087

图12　短截方法及其对抽梢的影响

不同短截程度对新梢抽生数量和长势有不同的影响，短截越重，剪口芽萌发新梢的生长势越强，萌芽抽梢数量则越少。对剪口芽方位及饱满程度的选留，可调节剪口枝的抽生方向和生长势强弱，如果选留向上的剪口芽，所萌发的新梢比较强旺，而选留向下的剪口芽，诱发出的新梢相对较弱，而其下的一个芽如果处于向上位置，则可能萌发出直立强旺的枝梢；短截程度越重，剪口枝的生长量越大，分枝数越少。

2.2.2 疏删（疏剪）

把一个枝梢、枝组或骨干枝从其基部分枝处全部剪去，称作疏删或疏剪。通常情况下，疏删处理可减少树体或母枝上的枝梢数量，调整树冠枝梢密度和空间分布，改善植株通风透光状况，促使养分和水分集中供应留下的枝梢。由于疏剪没有去掉留下枝梢上的成花枝段，因此进行疏删处理有利于减弱植株长势，促进枝梢健壮和开花，提高坐果率。疏剪弱枝，保留强枝，能促进树体健壮和开花结果；疏掉强枝，保留弱枝，会削弱树势，促进花芽分化。

图13　柑橘枝梢疏剪方法

疏删修剪程度可分为轻度（疏枝量占全树的约10%以下）、中度（疏枝量占全树的10%~20%）和重度（疏枝量占全树的20%以上），实际修剪过程中可根据树体郁闭和生长势等进行不同程度的疏剪。

2.2.3 回缩（缩剪）

对二年生以上的衰退大枝或枝组，先从其下部的一个强壮分枝处疏剪掉前端的衰退部分，再对剪口处留下的强壮枝梢进行短切，这种修剪方法称为缩剪或回缩修剪。剪口处留下的强壮枝梢即为剪口枝，修剪时一定要注意对剪口枝进行中度或重度短切处理，短切时注意在有健康叶片的部位下剪，即使剪口芽带有健康叶片，以促进剪口芽萌生出强壮的营养枝。由于回缩修剪大幅减少了枝组的枝梢数量，并对剪口枝进行了短截处理，使得母枝的养分和水分集中供

科特派网课赋能产业振兴之　柑橘精品课

给剪口枝的旺盛营养生长，从而促进衰退枝组的更新复壮。

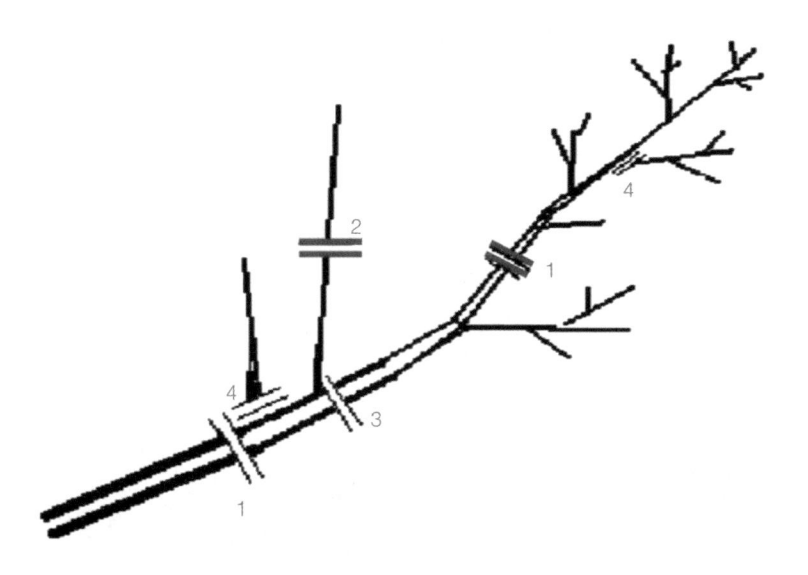

图14　柑橘树三个主要修剪方法示意图
（图中1、2示意短截短切，3、4示意疏删，2+3示意回缩处理）

2.2.4 抹芽放梢

将刚萌生出的新芽及时抹除，称抹芽；抹芽达到一定次数后停止抹芽，让新梢大量整齐地萌发生长，称为放梢。抹芽放梢一般用于幼树、旺树，以促发整齐、健壮、及时的新梢；同时通过抹除零星抽发的枝梢，统一放出较为整齐一致的新梢，有利于对于木虱、潜叶蛾、溃疡病等病虫害的防治。通过对初结果树或旺长树，抹除春梢营养枝和夏梢，可缓和梢果矛盾，防止或减轻落花落果。

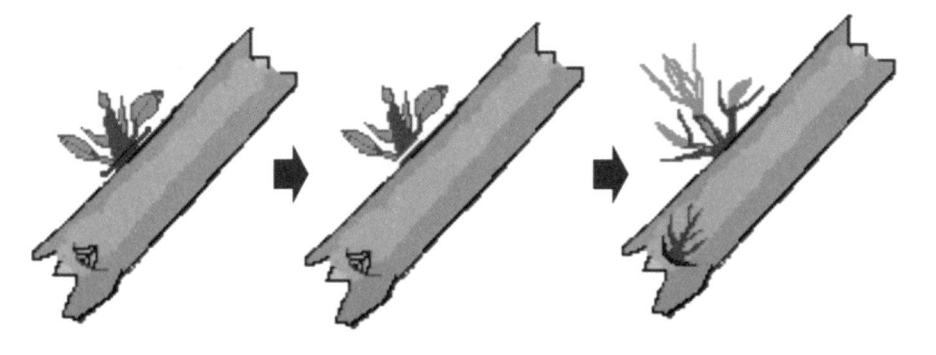

图15　抹芽放梢示意图

停止抹芽后会诱发树体大量新梢的萌发，为了保证新梢整齐健壮抽发，应在放梢前15天左右施用一次腐熟的有机液肥，必要时还需充分灌水。

2.2.5 摘心

在生长季节对尚未停止生长的新梢摘除其顶部几个芽（梢尖部分），即为摘心。摘心处理常用于幼旺树、高接换种或更新修剪后出现的长势强生旺的新梢，一般在新梢抽生10片叶后，留约8片叶摘去梢尖一段。通过摘心处理，强制新梢停长，以加速新梢老熟和下部芽的萌发，同时降低分枝高度，增加分枝级数和分枝数量，使树体结构紧凑和枝梢丰满。在南亚热带区域，注意不对秋梢摘心，以免诱发晚秋梢或冬梢。

图16　摘心及摘心后枝梢萌发生长状

2.2.6 扭梢和柔枝

扭梢指将生长势强旺的新梢，在老熟前将其基部梢段旋转扭伤，并将扭伤部位以上的梢段调整成水平或下垂姿态。揉枝是指双手握住直立旺枝，从基部至中部捋揉，上下揉动使枝条响而不断，也需要对揉伤部位之上的梢段调整成水平或下垂姿态。扭梢和揉枝都会造成木质部输导组织一定程度的损伤，阻碍根系吸收的养分和水分向新梢运转，并使得新梢改变着生状态（呈下垂姿态），可见，扭梢和揉枝可抑制新梢的营养生长，改变枝梢着生姿态和方向，缓和长势，有利于分化花芽。

扭梢和揉枝操作示意图

扭梢处理

扭梢处理后促
发新梢

图17　扭梢改变旺长枝梢着生方向（左）和促发新梢状态（右）

2.2.7 拉枝

拉枝指用撑、拉、吊、缚枝等方式，在不损伤枝干组织的情况下，改变枝条或枝干原来着生的姿势和角度的非损伤性修剪方法，主要是通过调整分枝角度，从而调节各主枝、大枝和枝梢之间的生长平衡关系，改善枝梢的生长结果状况。对生长势强旺的大枝或枝梢向下拉，可加大分枝角度，削弱其生长势，达到抑长促花的目的；如果向上拉撑处理，则可减小分枝角度，增强枝梢的顶端优势，促进枝梢旺盛生长。

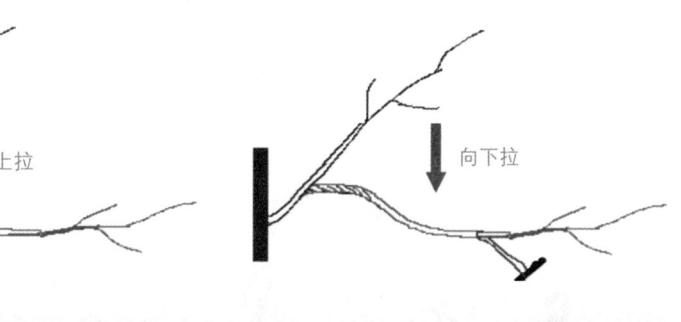

向上拉

向下拉

图18　果园的拉枝处理状

2.2.8 环割（剥）

环割指用锋利小刀（磨制锋利的电工刀或环割专用刀）对强旺侧枝或主枝在其基部环状切一圈，割断枝干皮层组织，但不可切断木质部的处理。一般环割1~3圈。如果将环割的两道刀口之间的树皮取出，即为环状剥皮（或环剥）。如果再将剥取出的这段树皮上下颠转后又嵌入割口内，用塑料薄膜包扎使其愈合，称之为环剥倒贴皮。环割时要注意只能刚好割断皮层，深达木质部，切不可割伤木质部，这样才可以阻断环割口以上部分的碳水化合物向下输导，保证上部枝梢中较高含量的碳水化合物营养。秋季处理有利于促进花芽分化，花前处理有利于保花保果。

不当的环割处理，比如环割过深，伤及新生木质部，会造成植株黄叶、落叶现象，进而对树体产生极大的损伤；如果环割过轻，未割断韧皮部输导组织，难以达到环割目的。因此，要注意尽量不在主干上进行环割，以及环割时不能伤及木质部，并注意每一道环割口都不闭合（环割环上留下一小段树皮不割，几条环割带交错进行），可在保证环割处理效果的同时，防止植株黄化落叶现象的发生。

图19　柑橘环割技术示意图及主干和主枝的环割状

2.2.9 刻伤

刻伤指在芽眼的上方或下方横刻一刀，以阻断养分输送的通道的处理方式（图6）。

发芽前，在芽的上方横刻一刀，刀口深入木质部，可切断木质部导管组织而阻碍根部输送的矿质营养和水分的向上运输，使其在伤口附近部位聚集，可促进刀口以下隐芽的萌发和抽梢；花芽分化期在芽的下方进行刻伤，刀口深达木质部而不伤及木质部，只将树皮中的筛管组织切断，则可促进叶片制造的光合产物在伤口上部芽中积累，产生与环割相似的促进花芽分化的作用。

如果采用利刀顺着枝干方向刻伤几刀，划破树皮，但不伤及木质部叫纵刻。这种处理可使老树的枝干解除老皮束缚，使输导组织更为通畅，有利于枝干增粗生长。生产中，对脚腐病或流胶病进行防治时，也常对发病部位先进行纵向刻伤，深达木质部，然后再涂杀菌剂，可以促进药液向病部组织的渗透，提高防治效果。

2.2.10 断根

断根处理是指在距主干一定距离处（树冠下滴水线附近）挖开土层形成壕沟，切断沟中露出的骨干根，将伤口剪平，晾根几天，再在壕沟中填入腐熟后的有机肥。果树定植以后，根系会不断向外延伸，新生须根逐渐外移和减少，不利于树体的养分吸收保障（图20，左）。

图20　大树根系老化状和移栽前的断根处理

秋季进行断根处理（图20，右），进行滴水线全周环状断根，也可局部断根处理，断根处理以后都可缩小根系体积，使地下部的吸收和向上输送的养分减少，相对抑制地上部的生长势，有利于徒长性植株缓和长势，进而促进花芽分化。秋季断根以后，虽然一定数量的骨干根被切断，但由于随之而来的是根系第三次生长高峰，壕沟里又增施了大量有机肥，因此可以快速诱发出大量新生须根，增强根系的吸收能力，有利于促进树体的复壮和开花坐果。

树体重度更新修剪或大树移栽前，都应先在秋季进行断根处理，并压埋腐熟的有机质以促发大量新生须根，缩小根系体积，可大幅提高移栽效率和成活率。

2.3 修剪时间

对柑橘树的整形修剪，周年都可进行，但不同时间的修剪处理，所产生的修剪反应不尽相同，因此需要根据柑橘品种特性、生长发育规律、开花结果习性、立地生态条件和栽培调控目标等，选择适宜的修剪时期和方法，以最大限度地减小负面影响，获得良好的修剪效应。

2.3.1 休眠期修剪

休眠期修剪又称冬剪，在采果后或入冬时直至春梢萌芽前这段时间进行。入冬以后大多柑橘品种处于树体相对休眠停止生长状态，可对树体实施多种方法的整形修剪处理，修剪反应预期较好，因此是柑橘园重要的整形修剪时期。晚熟品种春季或初夏采收以后的修剪，也应算作冬剪。

2.3.2 生长季修剪

柑橘树整形修剪也可以在生长季节进行，在植株春梢萌动至最后一次新梢自剪这段时间的整形修剪叫生长季修剪。由于这一时期光温水资源丰富，加之树体处于生理发育处于活跃期，对于树体的任何修剪处理都会导致明显反应，因此整形修剪中主要采用一些对树体损伤相对较轻的处理方法，如摘心、抹芽放梢、拉枝、扭梢、揉枝、疏花疏果、环割等，主要用于调控树体生长与开花结果的矛盾。对于衰弱植株，也可在夏梢抽发前对一部分多年生枝干进行短截处理，以促进树体大量强旺新梢抽发，加快更新复壮。

三、整形

培养形成合理的树形，是柑橘园实现早结、优质、丰产和稳产的基础。合理的树形取决于合理的树体骨架结构，对此的基本要求是，骨架牢固，主枝和侧枝的空间分布均匀，疏密得当；树冠紧凑，大枝少而枝组多，树冠外围呈波浪形，内膛通风透光良好。树形的培育应从育苗阶段开始，贯穿于果树生命周期全过程，即使到了老树阶段，依然还需对树体的骨架结构进行优化调整。

整形是果树栽培中的一项基础性的工作，主要包括幼树期对树体骨架的配置和成年树对树体骨架的优化调整。以前人们常以树冠叶幕层的外形轮廓命名柑橘树形，比如圆头形、纺锤形、塔形等。但是，由于树体骨架结构是树冠形状形成的基础，因此，以树体骨干枝的排列和结构来命名柑橘树形更为科学。

柑橘树常用树形有变则主干形、自然开心形、多主枝放射形，近年也有柑橘园进行高纺锤形和篱壁形等的整形试验。柑橘树整形需要综合考虑砧木、品种生长特性，还要适应果园的栽培制度和立地环境条件，不可强行整形或放任不管。下面对柑橘树常用树形特点和整形方法做简要介绍。

3.1 变则主干形

3.1.1 特点

具有较明显的中心主干（又称类中央干），树体高大，树冠叶幕似圆头形。

3.1.2 结构

树体骨架由主干、类中央干和5~6根主枝构成。一般在主枝上分生若干副主枝（侧枝），其上再着生枝组。

3.1.3 树形培养

主要通过对类中央干和各级主枝、副主枝的选择和处理而培养形成。

（1）类中央干

柑橘嫁接苗培育过程中，当接芽萌发抽枝后将其扶正、扶直向上，使其旺盛生长成为植株的类中央干。在嫁接的接芽抽出的旺盛枝梢高度达50 cm左右时，及时对其摘心或短截处理，即为定干。

定干后，通常顶部的芽可抽发一根强旺、直立向上的新梢，而其下部抽生枝梢的生长势会依次减弱，形成分枝角度较大的2~3根分枝。顶部这根直立生长的旺枝可再选作中央干延长枝，将其扶正，保持其直立向上生长。冬剪时对这根延长枝进行中度或重度短截，并通过对剪口芽方向的固定来保持中央干居中、垂直向上的延伸方向（图22）。

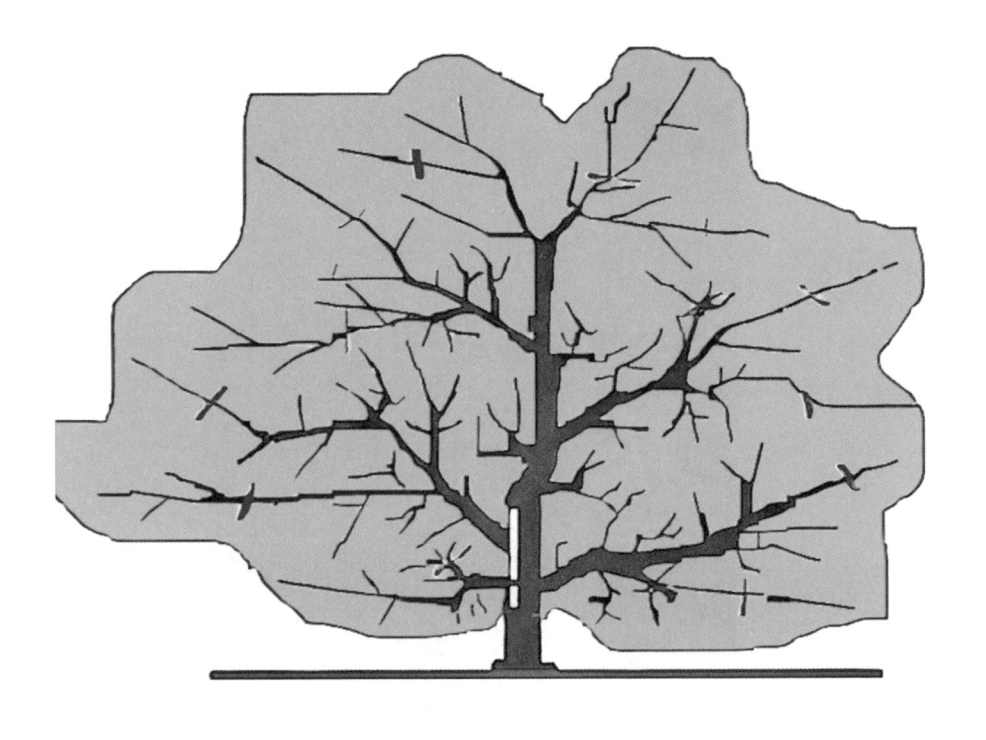

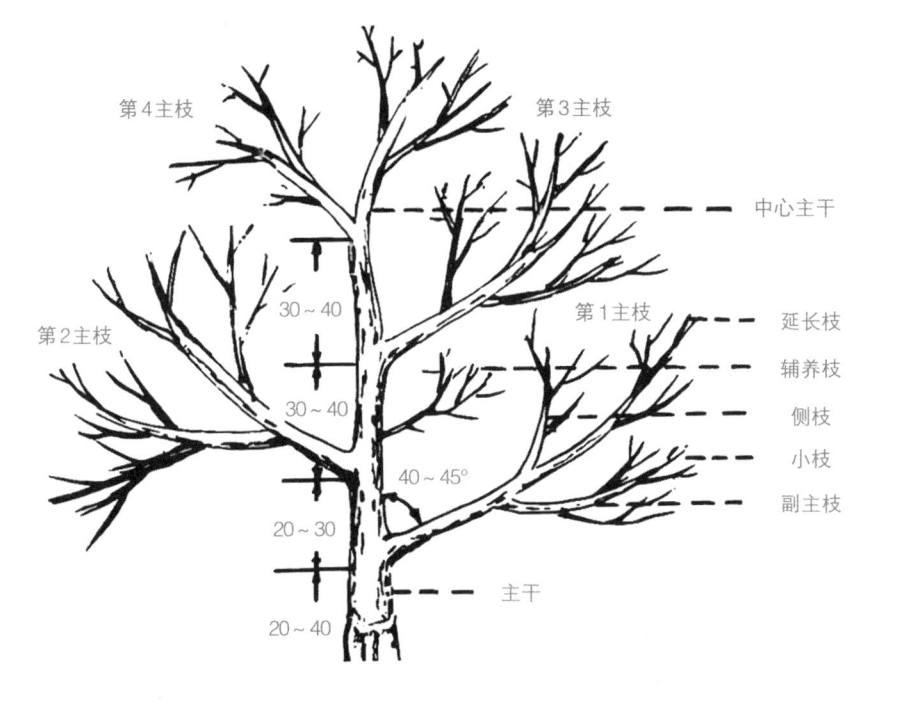

图21 变则主干形示意图（上）及其骨架构成示意图（下）

图22　幼树定干后萌发新梢状态

（2）主枝

定干后将顶部延长枝下面萌生的最强一根分枝选定为第一根主枝的延长枝，冬剪时对其进行中度短截处理，促使其分枝。注意通过选留剪口芽方向来调整主枝延长枝的延伸方向、角度和长势（图23）。

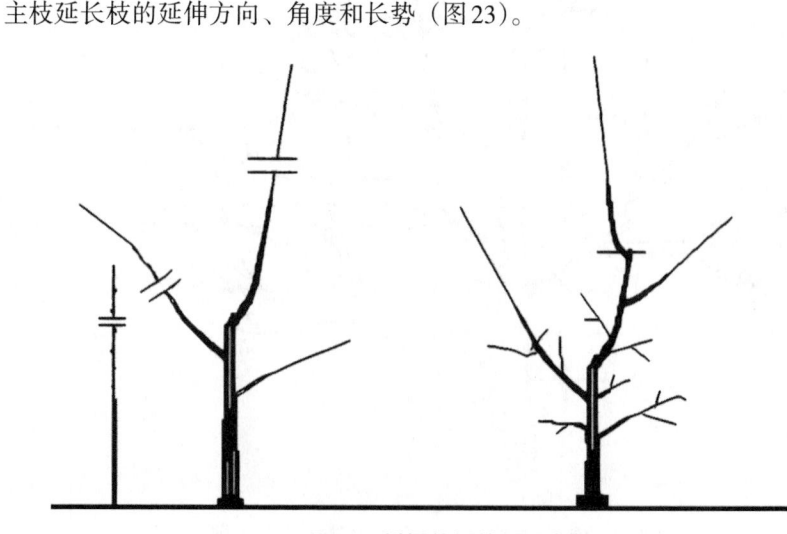

图23　柑橘幼树整形示意图

此后连续对中央干延长枝进行短截处理，对出现的分枝，选生长势较旺、分枝方向和分枝角度较合理的新梢进行中度短截，培养形成3~5根主枝。

（3）副主枝（侧枝）

在各主枝短截处理后形成的分枝中，选择距中央干约40~50 cm处，着生与主枝两侧的强旺分枝作为第一根副主枝（侧枝），进行短截处理，注意通过剪口芽方向的选择和短截处理的程度，调整副主枝沿着主干两侧方向，以梢弱于主枝的长势向外延伸。连续对各个主枝的延长枝进行短截处理，选择生长势较旺、分枝方向和分枝角度较合理的新梢进行中度短截，每个主枝依次培养形成2~3根副主枝，第二、第三副主枝的间距梯次减小。

（4）树体骨架

此后每年连续对中央干和各主枝的延长枝进行选择，并进行中度至重度短截，留桩长度约30~40 cm，促使其沿着中央干或主枝延伸方向继续旺盛生长，形成树冠的中央干和主枝骨架，引领树冠继续扩大。当主枝延伸的同时，会分生出较强分枝，可按照培养主枝的方式继续培养成副主枝（侧枝），进而实现骨干枝合理的空间分布（图24）。

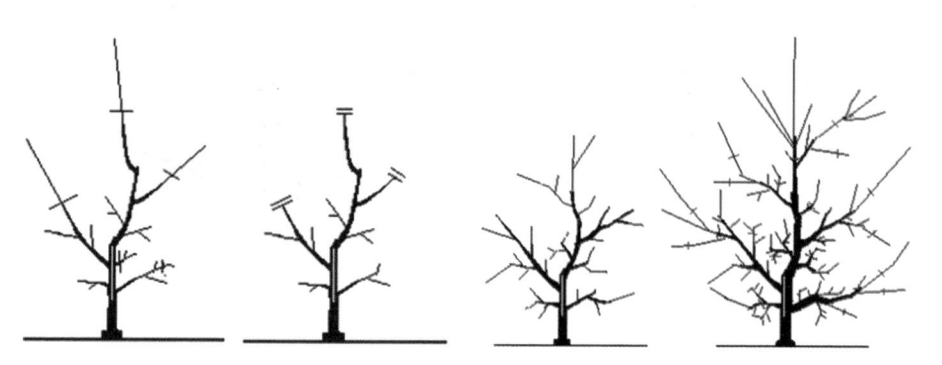

图24　柑橘中央干及骨干枝培育示意图

（5）枝组培养

对于主干和主枝上的其他弱枝原则上保留不剪，只对这些枝梢进行间距和着生姿态调整，疏除过多、过密、过旺分枝，抹除直立向上的徒长性芽，并通过摘心、揉枝等方式促使其缓和长势，逐渐分枝形成枝组，加速其成花，以培养成为植株最早的结果母枝，结果后再根据枝叶空间密度进行适当的疏删或回缩处理。

对着生在树冠内膛骨干枝上的枝组,应相互保持一定间距,比较均匀地分布在骨干枝的两侧,对徒长性旺枝需进行扭梢、摘心等处理,使之保持缓和的生长势,以利形成相对独立的枝组和较多的成花母枝,进而实现早开花和早结果;对于过密、直立向上的旺梢,则需及时抹去或疏删。

（6）延长枝回缩处理

类中央干和各主枝及副主枝（侧枝）在延长枝的引导下不断向上向外延伸,促使树冠的高度和直径不断扩大。当树冠达到所期望的高度和直径,一般是在培育出5～6根主枝以后,应及时对中央干进行回缩或疏剪,甚至对顶部的最后一根主枝一并疏除（图24）,使得树冠不再向上延伸,并在顶部开出天窗,使树冠获得良好的光照条件,以增加冠层有效枝叶面积和内膛挂果空间。

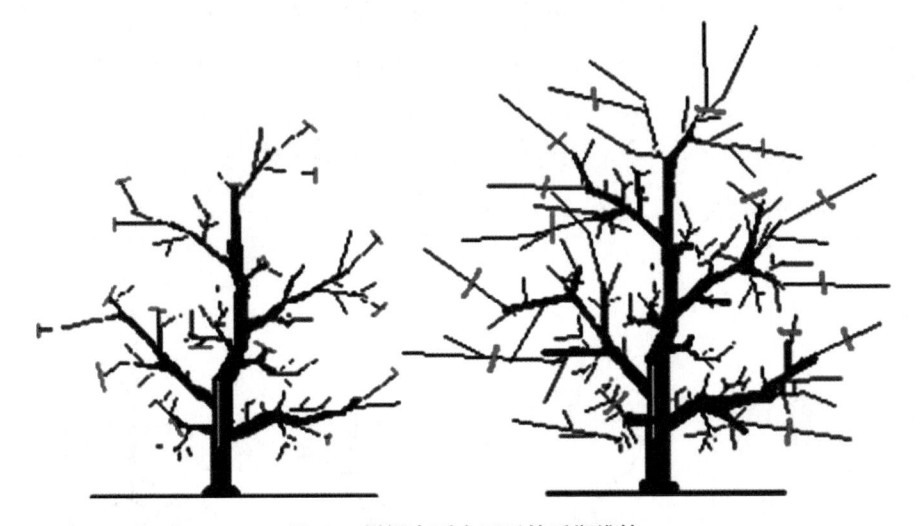

图25　柑橘变则主干形的后期维持

当植株的第1～3主枝向外延伸形成一定树冠体积后,尤其是与相邻植株外围新梢相接交叉前,应及时进行主枝延长枝的回缩或疏剪,及时控制其向外的延伸,并与相邻植株的树冠叶幕保持约50 cm间距,以防止植株间的交叉和果园郁闭现象的出现。

3.2 自然开心形

3.2.1 特点

骨干枝少,造形简单,整形容易,内膛和中下部光照良好,内膛结果多,结果部位低。但是，由于该树形的叶幕层较薄，其结果容积相对较小，不利于单株和单位面积高产量的获得。

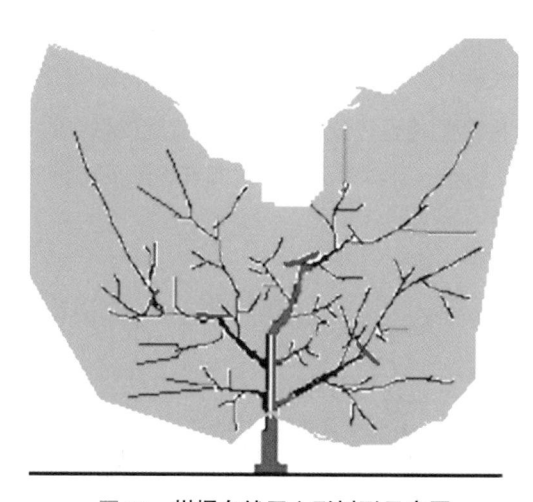

图26　柑橘自然开心形树形示意图

3.2.2 培养过程

自然开心形树形相似于变则主干形的基部三大主枝结构和杯状叶幕结构（图26），换句话说，是一个由三大主枝构成的杯状树体结构。所以，其整形过程类似于变则主干形的基部三大主枝的培育过程，只是定干略矮一些。在中央干向上延伸过程中，培育出第三根主枝以后，及时对中央干延长枝进行疏剪去除，只留已经形成的三根主枝及其上分布的副主枝和枝组。

3.2.3 树体结构

自然开心形树体结构包括1根主干、3根主枝，6~9根副主枝（侧枝），以及骨干枝上合理分布的结果枝组。

3.2.4 树形培养过程

主干与主枝培养。开心型树形的定干高度约40 cm，按变则主干形的整形培养方法，培育出三根主枝，主枝着生在主干的三个方位，形成120°夹角，分支角度45°，主枝间距20~30 cm。

及时"开心"。第三主枝形成后，及时将中央干延长枝从第三主枝着生处删除，或作扭梢处理后使顶部枝组弯倒向一边，促使其成为结果枝组。

侧枝与枝组的培养。按照变则主干形培育副主枝或侧枝的方法，每个主枝上培育2~3根副主枝，分布在主枝的两侧，着生位置相互错开，要求分布均匀，避免交叉和重叠。

当植株中央干被疏删以后，主枝和副主枝的向上部位暴露在阳光下，极易产生直立徒长枝扰乱树形。因此，在对树冠进行开心处理后，要及时对骨干枝向上部位萌生的徒长性枝芽及时进行抹芽处理，也可采用疏剪去除，还可先通过揉枝使之下垂，再促使其多次分枝后转化为结果枝组。对树冠较空部位抽生的强枝，采用拉枝、扭梢、环割等处理，待其开花结果后再进行回缩或疏删。

3.3 篱壁形

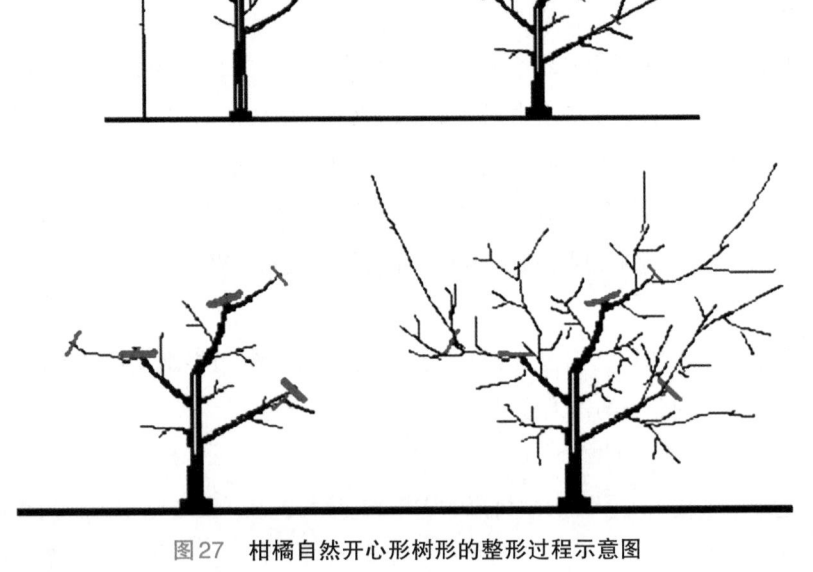

图27　柑橘自然开心形树形的整形过程示意图

3.3.1 特点
篱壁形，一种经人工强制造形而成的树形，因树冠形似扇子或篱壁而得名。

3.3.2 结构
干高20～30 cm，5～6根骨架枝被均匀绑缚固定在同一平面上。骨架枝上下间距约30～40 cm，分枝角度约60°，小枝和枝组均匀分布在骨架枝两侧，疏密得当，不出现徒长性长梢和直立向上旺梢。

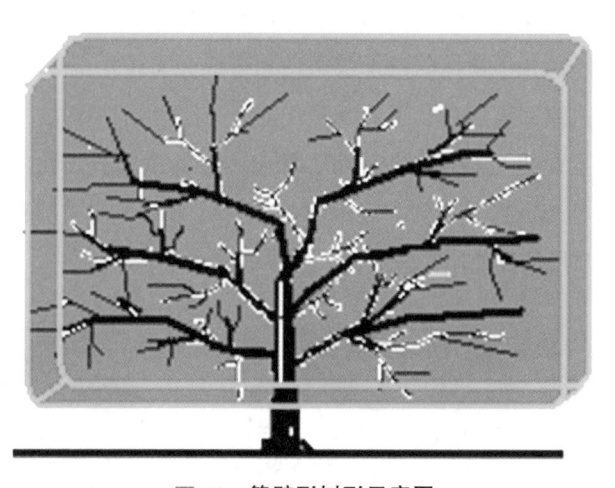

图28　篱壁形树形示意图

3.3.3 树形培养

主干与主枝（骨干枝）培养。篱壁形的整形过程，需要按照一行树一个篱壁立面进行整体设计和整形，所有植株的所有骨干枝均分布在一个平面上。定干高度约20～30 cm，定干时短截主干促使其抽生3～5根分枝，选择顶部直立向上的旺梢进行短截处理，使其直立向上生长；按照定植行方向规划好树篱立面，选择主干上的2根强旺分枝，进行中度短截培养第一层骨干枝，通过拉枝使其分布到树篱立面上，短截处理时注意通过剪口芽选留，调节该主枝向所需的树篱立面方向延伸，并调节分枝角度约60°，使得主干两侧的骨干枝保持生长势的相对平衡。以此类推，可以继续培养向上延伸的中央干和两侧着生的骨干枝。当形成三层骨干枝后，对中央干进行疏剪去头，阻止树篱继续向上延伸（图29）。

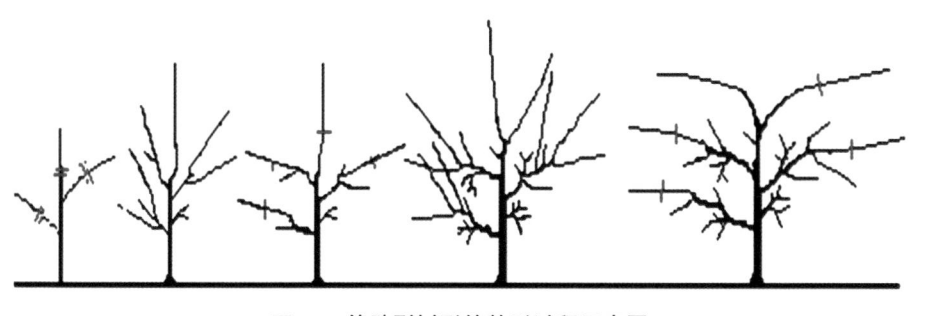

图29　篱壁型树形的整形过程示意图

对位于中央干两侧的骨干枝，需要通过不断选择和短截处理延长枝，使其始终沿着树篱立面方向和60°分枝角度向外延伸，并使树干两侧骨干枝的生长势保持相对均衡。当相邻植株的骨干枝出现相接或交叉时，就应对骨干枝的延长枝及时进行疏剪或回缩处理，迫使其停止向外扩张。当植株中央干顶端被疏剪之后，顶部一层骨干枝暴露在阳光下，极易产生直立徒长枝扰乱树形。因此，在对树冠去顶处理以后，要注意及时抹除顶部骨干枝上萌生的直立性徒长枝，也可进行摘心和扭梢处理使其转变成为结果枝组。

图30　限根器栽培和露地栽培的柑橘篱壁整形果园

对着生于骨干枝向上部位的旺枝或直立向上萌生的徒长枝，要及时进行抹芽处理，也可先摘心再揉枝，促其下垂和分枝；对于着生于骨干枝两侧或下部的分枝，要尽量保留，并在疏除过密枝基础上，对保留的枝梢采用摘心、拉枝、扭梢、环割等处理，促使其及时停长、分支、缓和生长势，成为植株的主要叶幕体积和结果空间。待这些枝组开花结果以后再进行回缩或疏剪，以保持枝组适当的间距、密度和生长势。

在篱壁形树形管理过程中，要及时进行骨干枝的姿态调整，利用骨干枝前端出现的徒长枝更换为骨干枝延长枝，调整延长枝延伸角度，保持其良好、均衡的生长势。

为了较好地培育造就篱壁树形，需要在果园竖立支柱和拉上水平铁丝，以此固定中央干和各个骨架枝的延伸方向与角度，这就势必增加建园物质成本和牵引人工消耗。当然，该种树形可以相对提高单产和果实品质，减轻管理劳动强度和方便喷雾与修剪作业，因此综合考虑还是一个具有较好经济效益的栽培模式。

柑橘精品课
科特派网课赋能产业振兴之

四、修剪

果树修剪是果园每年都要进行的一项重要的技术性工作，修剪的时间、方法等都可能影响果园的生产力水平、果品质量和综合效益。为了提高修剪工作的效率和降低不当修剪带来的负面影响，修剪工作最好由有经验的技术工或专业人员进行。由于不同年龄时期的柑橘树，其生长发育特点不尽相同，应该具有不同的栽培管理目标，基于优质高效栽培目的，对不同时期的柑橘树也就应该采用不同的修剪技术和策略。

4.1 结果前幼树的修剪

4.1.1 修剪原则

幼树期的柑橘植株一般生长比较旺盛，应以轻剪为主；主要对中央干和骨干枝的延长枝进行选择配置和短截处理；除骨干枝以外的其他枝梢尽量保留和轻剪，使树冠内膛枝梢分布均匀。

生长季节注意对非骨干枝延长枝的夏、秋梢和旺梢，及时进行摘心和揉枝，以增加枝梢密度和缓和树势，而对于位置不当的，则应及时抹除。

4.1.2 修剪要点

（1）延长枝的处理

对延长枝的处理，是结果前幼树修剪的重点。对结果前幼树的修剪，首先要观察骨干枝及其分布，然后选择符合要求的中央干延长枝和主枝的延长枝，再对其进行中度短截（图23）。

中央干和主枝的延长枝选择，首先考虑的是位置得当，应着生在中央干和主枝的顶部，具有明显较强旺的生长势，着生方位和分枝角度有利于各延长枝的合理空间分布和均衡协调生长。选择好中央干和各主枝的延长枝后，对其进行中度到重度短截，注意通过剪口芽的方位选留和适度短截，调节延长枝的延伸方位、角度和生长势；延长枝附近若是出现较多分枝或徒长枝，应及时疏剪去除。

（2）春、夏梢摘心

幼龄植株树冠小，枝梢少，加重骨干枝短截以加速树体扩大和加快分枝，是树体管理的重要工作。但是，此阶段也容易出现枝梢旺长、徒长等问题，因此，需要注意及时通过夏剪予以调控。对已转色的春梢或夏梢及时摘心，以增加树体分枝数量和分枝级数，降低分枝高度，使树冠紧凑饱满，形成立体结果的良好结构，并促使新梢及时老熟和养分的充分积累，以利花芽分化，为翌年培养优良的成花母枝。如果一个成年树突然出现较多强旺夏秋梢，则需对这些大量出现的强旺夏秋梢进行"三三制"处理，即疏除三分之一、短截三分之一和保留长放三分之一，防止出现大小年结果现象。需要注意，亚热带区域一般不对秋梢摘心；幼树投产前一年则要防止抽发晚秋梢。

（3）抹芽放梢

幼树的顶端优势现象十分明显，树体很容易从枝条伪顶芽处萌芽抽枝，抽发强旺新梢，导致树冠快速扩大，也常导致树冠内膛空秃。因此，通过抹除率先抽生的少数萌芽，可以促使更多的隐芽萌发，迅速增加植株枝叶量，并使新梢整齐抽发。通常当树冠上部、外部或强旺枝顶端零星萌发出的嫩梢达到1～2 cm时就应进行抹除，隔5天左右再抹一次，连续抹3～4次，当植株大多数末级梢段，特别是树冠内膛和下部的枝梢，都有3～4条新梢萌发时，即可停止抹芽放出新梢。放梢时间应根据品种特性与气候条件等综合考虑，放梢前约半个月宜施一次腐熟的有机液肥。

为了防治潜叶蛾、木虱和溃疡病等为害新梢，也可采用抹芽放梢技术去除先期零星抽发的幼芽新梢，待统一放梢时再进行喷药防治，这样可以减少喷药次数和施药量，亦可大幅提高对病虫害的防治效果。

抹芽后若促发的新梢过多、过密，或出现丛生状，需要在新梢生长至3～5 cm时进行适当疏枝，疏除密生枝和丛生枝，保持新梢的适当数量和合理间距。

（4）辅养枝蓄留

幼树植株枝叶量少，各部位都获得充足的光照，树冠内的叶片几乎都是有效的营养器官，制造的光合产物除供自身生长发育外，还可直接向根系输送。因此，树冠内膛萌发的枝梢，包括披垂枝都是功能性枝叶，应尽量保留。内膛的小枝、披垂枝还是幼树最先结果的部位，如果随意大量剪掉，则会推迟植株结果年限，降低单产，还会造成树冠内膛空秃，叶幕层外移等现象。树体管理时应注意将内部小枝培养成大量辅养枝，进而转化成结果枝组，这是保证树体早投产和早丰产的重要技术。但是，需要对内膛小枝的数量和分布进行调控，对过多、过密和过强的内膛枝，应该通过抹芽、疏枝等修剪方式使其保持适当间距和较弱长势。若着生在骨干枝上的辅养枝出现徒长现象时，应及时抹除，或进行扭梢或揉枝处理，削弱其长势，促进其分枝成为结果枝组。

（5）疏蕾疏花

嫁接苗定植后的第1～2年应为树体生长和树体扩大时期，不应让其开花结果。如果这些幼树出现开花现象，应通过短截或疏花方式及时将花蕾全部疏除，以利于集中养分供给树冠的形成和扩大。为了减少疏花的成本和对树体养分的浪费，可在秋季花芽生理分化期喷布赤霉素以抑制植株花芽分化。

若幼树疏花不彻底，则可以将留下的幼果全部进行人工疏除。

4.2 初结果树的修剪

4.2.1 修剪原则

从试花结果至盛果前，这段时期的柑橘植株为初结果树。该时期的柑橘树，树体结构已初步形成，但仍需继续扩大；新梢生长依然旺盛，但树势逐渐趋于缓和，开花结果部位逐渐增多。

初结果柑橘树的修剪，仍以整形为主，促进树冠继续扩大。前期轻度修剪，快速扩大树冠，增加分枝，逐年增加花量和产量。后期逐年加大修剪量，促进开花结果的同时，及时进行枝组复壮，保持树体一定的生长势。注意对结果后枝组及落花落果枝组等及时短切或回缩，防止过量结果影响树体扩大；植株抽发较多强旺营养枝时，要采取疏剪、短切、长放相结合的修剪，科学合理调控树体生长和结果的平衡，防止出现大小年现象。

4.2.2 修剪要点

（1）处理延长枝

此阶段的柑橘植株还需继续扩大树冠，树体结构也还需继续构建，因此仍需继续选择和短截中央干、主枝、副主枝（侧枝）等的延长枝，直至第五个主枝形成和相邻植株树冠即将交叉时，再对这些骨干枝的延长枝回缩"去头"。

（2）抹芽放梢

初结果树抽枝能力强，比如纽荷尔脐橙等，要注意花蕾期抹除抽发旺盛的春梢营养枝，以避免或减轻与花蕾及幼果发育对养分和水分的竞争而导致大量的落果。零星抽发的夏梢和秋梢要及时抹除，并适时放梢，有利于稳果和促进果实发育，也为翌年培养较多的优良结果母枝。抹芽或统一放梢，也有利于对木虱、潜叶蛾、溃疡病等病虫害的有效防控。

（3）强旺新梢的处理

此阶段的植株，易在骨干枝上抽生直立向上的强旺新梢，尤其是强旺夏梢，对此需要及时抹除，或通过摘心和揉枝使其缓和长势，转变为良好的结果枝组。如果植株突然抽发较多强旺营养枝时，要采取疏剪1/3、短切1/3、长放1/3的修剪方式，科学调控生长和结果的平衡，防止出现大小年现象

（4）已结果枝组的短截与回缩

进入结果期后，树冠会逐渐出现较多结果后的枝组，这些枝组因果实承载压迫而下垂，因养分大量消耗而逐渐趋于衰弱，若不及时更新，则容易转为衰退枝组，而失去结果能力，并带动树体的衰退。因此需要在投产以后对已结果枝组及时进行回缩或短截处理，恢复其营养生长水平，持续保持健壮树势和持续结果能力。结果后枝组的回缩处理，要注意选择较强的枝梢作为剪口枝，并对剪口枝进行短截；也可用有叶果枝代替剪口枝进行回缩修剪；必要时甚至可以从该枝组的基部骨干枝上短截。对于落花落果母枝和结果母枝，也需及时回缩更新处理，或从其基部骨干枝上短切。

（5）辅养枝和披垂枝组的处理

辅养枝是柑橘幼树和初结果树内膛小、弱枝，通常也是幼树最先结果的部位。辅养枝结果后会逐渐衰退，也需要在其结果以后及时进行短截促壮处理。辅养枝逐渐分枝壮大成为内膛枝组，会导致树冠内膛枝叶拥挤郁闭，则应及时疏除一部分，使枝组保持一定间隔，防止交叉郁闭现象发生，但也要防止过度疏剪内膛枝组导致树冠空心。

由于不断分枝和果实的承载，树冠下部的一些侧枝或枝组会下垂甚至接近地面，不利于该枝组长势的恢复和果园的地下管理。需将树冠披垂枝组过度下垂的部分及时回缩修剪，选留呈约45°分枝角度的强旺分枝作为剪口枝，回缩先端下垂部分，以抬高披垂枝组分枝角度。披垂枝具有结果和制造养分辅助植株骨干枝与根系的作用，修剪时注意不要对披垂枝一次性进行过多的疏删处理，以免影响产量或诱发大小年。温州蜜柑以披垂枝结果较多，修剪时尤其应该注意。

（6）促进花芽分化

初结果幼树，特别是柚、柠檬等生长势较旺盛品种的植株，通常在初结果

期出现花量少，甚至适龄不开花结果等问题。因此，常常需要进行促花处理，包括秋季花芽生理分化期环割、断根和控水等，必要时还可树冠喷用PP333等植物生长调节剂促花。

4.3 盛果期树的修剪

当植株进入盛果期后，树体营养生长与生殖生长达到相对平衡，树冠各部位的各类枝梢都能开花结果，产量达到高峰，成为果园的主要收获和收益阶段。但是，随着树龄增长，分枝级数和分枝数量不断增加，以及大量开花结果对树体营养的消耗，植株会很容易呈现树势逐渐衰退，树冠逐渐郁闭、枝梢纤弱和花多果小等衰退现象，管理不当容易形成大小年结果的不良循环。

4.3.1 修剪要点

对盛果期柑橘树，整形修剪主要是及时更新枝组或侧枝，使植株整体保持一定生长势和持续优质丰产的能力，延长盛果期年限；还要及时合理调节植株营养生长与生殖生长的矛盾，使之保持相对平衡，维持较稳定的产出和优质果品的生产能力。此时期还要注意疏剪大枝，打开光路，使树体内膛获得充足的光照，促进其健壮生长和优质丰产。

（1）枝组更新修剪

以枝组为单位，对于结果后枝组、落花落果枝组、衰退枝组等及时实施回缩修剪或短截处理，进行更新复壮；其他枝组（特别是留作结果的枝组）原则上不剪，待其结果以后再作修剪处理。

（2）树体结构调整

对于拥挤的骨干枝，以及位置和延伸方向不佳的骨干枝，需进行合理疏剪或回缩，使骨干枝保持合理的分布和延伸角度与方向。对已郁闭的树冠应开出通风透光的"窗户"，促进树冠中下部枝叶健康发育和正常结果。对已经衰退的侧枝或主枝，及时选择长势较强的枝组或徒长枝作为延长枝进行回缩，或从基部枝干上短截，以实现更新复壮。

（3）相邻植株间距的保持

盛果期果园，不论是株与株之间还是行与行之间，相邻植株可能会逐渐形成枝干交叉，相互影响的状态，需要及时回缩或疏剪交叉的主枝和侧枝延长枝，以保持植株间50 cm以上的合理间距。

（4）防止大小年结果

植株生长减弱、花量突增，预示将出现大年结果现象，导致出现大小年结果循环，这时需对出现过量花蕾植株进行无叶花序枝短截处理和有叶花序枝的疏剪，达到消减花量、促进长势的目的；若植株突然出现较多夏、秋梢营养枝时，预示下一年将可能出现大年结果，需要在冬季修剪时对夏、秋梢营养枝按三三制进行修剪，以减少翌年花量，保持生长与结果的相对平衡。

4.3.2 大、小年树的修剪

大年结果前的柑橘植株，其树体出现大量的强壮营养枝，翌年则会大量开花结果而形成大年结果树。对于将形成大年结果之前的冬季修剪，主要是重度短截或回缩处理已结果的枝组或衰退枝组，以剪口枝促发翌年的营养枝，使这些枝组得以及时复壮的同时，减少翌年的花量；还要注意疏删密弱枝、病虫枝，减少树体养分的消耗；重点是要按三三制处理夏、秋梢营养枝，对二次梢可短截至春梢段，三次梢短截至夏梢段，以防止过多的开花结果。

植株大量结果后的下一年，其产量可能极低，即形成小年树。小年树大量存留有结果以后的较衰弱枝组。对于小年树的修剪，原则上宜轻剪，多疏删密弱枝组，短截或回缩结果后枝组、结果母枝、落花落果枝群，促使这类不能很好坐果的衰退枝及时更新复壮；尽可能保留能开花结果的当年生营养枝，使植株在翌年还能有一定的产量。

4.3.3 稳产树的修剪

稳产树是指树势中庸健壮，营养枝和结果枝比例相对协调，连年产量较高且稳定的柑橘植株。对于稳产树，应以轻剪为主，注意及时进行局部更新修剪。修剪的主要工作是：及时回缩或短截已结果枝组、衰退枝组和落花落果枝组，尽可能保留健壮营养枝开花结果。当稳产树突然出现过多的夏、秋梢时，可能预示下一年将成为大年结果树，进而引发大小年结果现象。为了防止果园大小年结果不良现象的发生，应在冬季修剪时对出现过多的夏、秋梢进行三三制处理，或将夏、秋梢全部短截，抑制其开花结果，减少植株的花果量。如果植株花量仍然过大，还需要及时进行疏花疏果。

4.3.4 不同树势植株的修剪

（1）强旺树的修剪

对于塔罗科血橙、柚类、柠檬等品种的幼树和初结果树，针对其弱枝较少、强旺枝较多、弱枝开花、弱枝稳果的习性，修剪时宜轻剪，重点轻度疏删过密枝、丛生枝、徒长枝和直立旺枝，保留披垂枝、内膛弱枝、弱春梢营养枝等，让其结开花结果。若树冠已经枝梢密集、树冠郁蔽，应疏剪树冠上部密集、直立的枝组或侧枝，打开光路；还需要对强枝及时摘心、撑、拉、吊或环割等处理，以加快分枝，缓和树势，促使植株营养生长与开花结果的相对平衡。

（2）中庸树的修剪

中庸树一般是丰产稳产树，其树势中庸，生长和结果基本平衡，在生产过程中需要密切注意树体生长和结果状况的变化，既要防控植株强旺生长，又要防止树势明显衰退。对中庸树的修剪重点是，冬剪时对结果后枝组、落花落果枝组和衰退枝组进行回缩或短截，使其及时更新复壮；对强旺的夏、秋梢结果母枝进行短截处理；对出现的新梢群（丛生状营养枝）进行"掏心"式疏剪，一般一根母枝只留2~3根分枝，并对留下的其中一枝作短截处理；树体开花结果过多时，在花期和第二次生理落果后及时进行疏花疏果，使营养生长和生殖生长保持相对平衡。

（3）衰弱树的修剪

这类树的特征是小枝多而密弱，枝梢短小而纤细，花量过大，果少而小。对于这类树的修剪重点要重疏删、重短切、多回缩、少留果。重度回缩或短截枝组，疏删密弱春梢或枝群；短截所有的有叶结果枝和夏、秋梢，抑制其开花结果。对于树势严重衰弱的植株，冬季修剪的时间可推迟到春梢萌动时进行，主要进行侧枝或主枝的回缩或短截处理。为了保证更新处理以后树势恢复的效果，可在更新修剪前的秋季实施开沟断根增施有机肥处理，使衰老根系缩小体积和更新成大量须根。进行更新修剪后，要注意对抽发的新梢及时摘心，以"掏心"方式疏散丛状分枝，对出现过多的夏、秋梢，冬季修剪时进行短强，留中、去弱的三三制处理。

4.4 衰老树的修剪

随着树龄增长和分枝级数的增加，特别是盛果期大量挂果对树体养分的消耗，在缺少调控情形下树势趋于严重衰退，树冠先端枝梢逐渐枯死，树冠趋于缩小，且冠层中大多是衰弱枝组（图31）。对于逐渐趋于衰老的植株，要根据衰老程度实施不同的更新复壮修剪策略。

111

衰老植株——远看把伞
衰老果园——内看光干干

图31 柑橘衰老树的树冠特征和内膛状况

对于不同衰老状态或程度的植株，应该采取不同的更新修剪方式，一般树体衰老程度从度轻到重度的植株，应该分别采取枝组更新、露骨更新或主枝更新，使得树体可以较快复壮和投产，不同更新方式修剪要点（图32）。

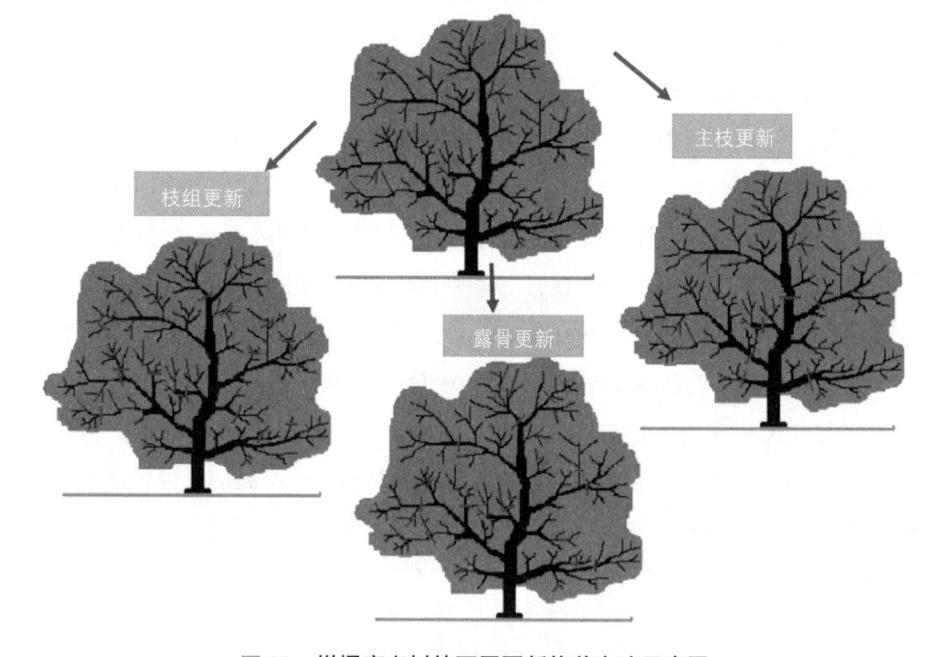

枝组更新
主枝更新
露骨更新

图32 柑橘衰老树的不同更新修剪方法示意图

4.4.1 枝组更新

当植株趋于衰老初期时，通常都是枝组先进入衰退状态，使得冠层内大多枝组都处于衰退状态，植株整体的衰退也就显现出来。只有及时短截或回缩出现衰退迹象的枝组，促使其抽生健壮枝梢，实现以枝组为单位的及时更新复壮，才能促进整个树体的复壮。进行枝组更新修剪前，首先应对树体骨干枝或大枝进行调整，疏去拥挤或扰乱树形的骨干枝、病虫枝等。

4.4.2 露骨更新

对于较为严重衰退以至树冠内几乎没有健壮枝组的植株，应对所有侧枝从基部约50 cm处短截，这样之后树体骨架会完全显露出来（因此称作露骨更新修剪），而内膛枝叶全部保留，只做回缩或短截处理。露骨更新修剪后还可以疏剪骨干枝上留存的交叉枝、重叠枝、病虫枝及不符合整形要求的骨干枝。对更新树抽发的大量新梢应及时疏密、摘心、拉枝或揉枝处理。露骨更新修剪宜在春梢萌动时进行，最好是在前一年秋季对植株进行开沟断根和施用有机肥处理。果园发生冻害后，大部分枝组被冻死的植株，或叶片几乎掉光的树冠，也可进行露骨更新修剪。

图33　柑橘轻度衰退树的枝组回缩更新修剪

图34 露骨更新修剪后树冠恢复状

4.4.3 主枝更新

当树势严重衰退时，枯枝大量出现，叶小梢短，内膛严重空秃，植株叶片稀少，产量极低，需实施主枝更新以恢复树势。主枝更新修剪，是指对植株的每个主枝从基部20 cm左右处进行短截处理。具体操作要点是：在春梢萌动时，从主枝距分叉约20 cm处，在树皮光滑、健康、角度较合理的枝干处下锯，将前端锯断。如果主枝桩头留得较长或桩头上的枝留得多，树势和产量能较快恢复，但不易降低叶幕，也不易很好地解决植株衰老和郁蔽问题。反之，如果主枝桩头留得太短太少，降低叶幕和更新复壮的效果显著，但是树形重塑和产量恢复较慢。锯断主枝后，要注意削平伤口，及时涂蜡保护。入夏前，需用石灰水刷白主干，防止或减轻日灼。抽发的新梢应尽量保留，对于拟选做骨干枝延长枝的旺枝进行及时摘心和冬季中度短截；对于不用做重建骨架的新梢要进行及时摘心和揉枝处理，以加快培养形成结果枝组和恢复产量；对骨干枝中部向上部位萌发的徒长性旺枝要及时抹除，对于丛生性萌蘖应及时抹去多余的新芽，每个芽眼只留一个新梢。冬季修剪时注意选择和培养中央干与各主枝的延长枝，对其余当年生新梢全部进行短截，一般不作疏删。主枝更新的前一年秋季，也应先进行开沟、断根和施用有机肥促发新根和缩小根系体积。

4.4.4 更新修剪时间

不论是枝组更新、露骨更新还是主枝更新，修剪时间应在冬季寒冻过后进行，最好在春梢萌动时进行，以避免剪口冻伤导致腐烂，并可促进有效新梢数量的增加和新梢的旺盛生长。

在上一年的秋季（第三次根系生长高峰之前），对于需要重度修剪的衰弱树，要提前实施断根和施用有机肥处理，在树体更新修剪之前提前更新根系和缩小根系体积，有助于更新修剪后地上部和地下部生长发育的平衡，并促发大量新的须根增加营养和水分供应。

作者简介

邓烈，二级研究员，西南大学柑桔研究所原党委副书记。主持完成国家级和部省级科研项目40余项。带领分子生理与信息技术创新团队，先后开展了柑橘花芽分化机理及调控、营养代谢与缺素矫治、水分代谢与节水灌溉、品质形成机理与优质化栽培、果园生态经济系统构建、轻简高效整形修剪及树体微环境管理，以及逆境生理与抗逆栽培、完熟栽培与提质增效等理论研究与技术集成，开启了我国柑橘信息化精准管理技术与装备研究新领域，开展了基于光谱理论的柑橘营养诊断和品质监测、山地柑橘园变量施肥、柑橘园机械化轻简作业系统、柑橘信息化远程决策支持与信息共享服务、现代柑橘园规划设计与GAP管理模式研究。主持和参加"长江上中游甜橙产业发展规划""全国柑橘优势区域发展规划（2002—2007）""全国园艺产业发展规划"和"重庆忠县国家柑橘科技园区建设规划"，四川、重庆、赣州等区域的超大集团，如杨氏南北果业等企业的产业基地规划编制。主持完成重庆、四川、广西、江西等20多万亩现代柑橘园的规划设计；指导重庆忠县、广西恭城、江西万安、浙江临海和四川遂宁等地建立了我国首批柑橘信息化示范基地和信息共享服务系统。发表论文80余篇，出版著作6部，制定国家标准和农业部农业行业标准4项，获计算机软件著作权3项。获中国农科院科技进步二等奖1项、省级科技进步奖二等奖1项、三等奖5项。获西南大学"十一五"优秀研究生导师、优秀党务工作者、联合国发展计划署（UNDP）优秀科技特派员、科技部和重庆市优秀科技特派员等荣誉。

专业特长：果树生理与调控技术及农业信息技术。

柑橘靠接换砧技术

西南大学/国家柑桔工程技术研究中心　易时来

编者按

　　柑橘是多年生常绿果树,生产上主要使用嫁接苗,从建园栽植、幼树生长、开花结果到树体衰老整个生命过程一般要经历几十至上百年的时间。如果果园栽植的苗木砧穗亲和性差,或主干被病虫侵害,或砧木品种不适宜本地气候、土壤,那么产量、品质乃至整个果园的经济效益都会受到很大影响。因此,生产实践中,我们需要采用靠接换砧技术来解决砧木不适的问题。

　　本文作者易时来,作为西南大学柑桔研究所(中国农业科学院柑桔研究所)副研究员、硕士生导师,长期致力于土壤与植物营养学、柑橘栽培理论与技术、果园规划设计理论与技术,以及农业信息技术的研究与实践。他的网课《柑橘靠接换砧技术》系统讲解了靠接换砧技术的概念、意义,并作了实操演示,分享了相关注意事项。当前老果园在枳或枳橙基砧上高接换种爱媛、春见、大雅、沃柑等杂柑,尤其是川渝等石灰性紫色土壤上种植的柑橘果园,如果表现出严重的黄化现象,建议选择香橙砧的苗木或采用靠接换砧(香橙)技术加以改造,以确保树冠和根系的健康发育。因此,本课具有非常重要的现实意义。

一、为什么要使用靠接换砧技术

1.1 靠接换砧的概念

靠接换砧又称桥接，是指采用优良健康砧木大苗，通过靠接，与原植株形成一个生命整体，重建因砧穗亲和性差、主干或根颈病虫（天牛、脚腐病、流胶病等）侵害、土壤呈碱性等造成树体营养和水分输导不良而引起的叶片黄化、树体衰退、生理缺素等问题，从而恢复良好的水分及营养输导系统，确保树冠和根系的健康发育。

图1　靠接换砧后的效果

当前，很多老果园在枳或枳橙基砧上高接换种爱媛28、春见、大雅柑、沃柑等杂柑品种，尤其是川渝等石灰性紫色土壤上种植的柑橘果园，表现出严重的黄化现象，此时，建议采用靠接换砧（香橙砧）技术或选择以香橙砧的苗木。

1.2 适用的情形

柑橘靠接换砧技术主要适用于以下3种情况：

图2　枳橙基砧高接换种沃柑后树体黄化现象

第一，砧穗亲和性差，导致树体黄化。

第二，土壤pH值较高，土壤呈碱性，往往容易导致柑橘叶片缺铁、缺锌等生理缺素黄化。

第三，主干或根颈部位被天牛等害虫啃食导致砧木组织受伤，或因脚腐病、流胶病等原因导致砧木坏死的情形。

1.3 应用案例

（1）如果沃柑、爱媛28、春见和大雅等杂柑品种以枳、枳橙为基砧，会出现砧穗亲和性差、叶片严重黄化、树体快速衰退的情形，需要作靠接换砧处理。

图3 同一果园地块的枳橙砧和香橙砧加工甜橙的生长情况

119

图4 天牛等害虫啃食导致砧木组织受伤

图 5　脚腐病、裂皮病导致砧木坏死

图 6　流胶病导致砧木坏死

（2）重庆忠县的丘陵山地柑橘果园，由于大多果园土壤是 pH 值呈碱性的石灰性土壤，而前些年栽植的柑橘，其砧木大多为枳橙砧，种植后陆续出现叶片缺铁、缺锌等黄化现象，通过采取靠接换砧技术，为每株黄化树靠接 2～3 株优质香橙砧，1～2 年后树体便恢复了绿色，较好地解决了该土壤生态区域柑橘树体黄化问题。

（3）浙江临海温州蜜橘产区由于种植多年的枳壳砧蜜橘树，可能长期存在盐渍等问题，加上长期实施弱势丰产栽培技术，导致树体衰弱十分严重，管护不善进而造成部分橘树死亡，通过采取靠接换砧（香橙砧或红橘砧）等技术应用，1～2 年后树体衰退现象得到了有效缓解。

枳橙砧

香橙砧

图7 忠县夏橙靠接换砧矫治缺铁黄化

那么，怎样才能做好柑橘的靠接换砧呢？

二、靠接换砧操作的准备

靠接换砧前，应做好相应的准备工作，主要包括以下三个方面：

2.1 合理选择靠接时间

一般选择在晚春、早秋，在树液流动高峰期与根系生长高峰前这段时间进行。如果遇到果园土壤较为干燥，需适时提前给树体灌水，保证树干切口易剥离，从而有利于靠接成活。

2.2 准备好砧木

根据被靠接柑橘树的品种类型、土壤性质等选择适宜的砧木品种，优先选择无病毒容器苗，且尽量选用健壮的大规格砧木苗；如香橙砧可矫治碱性土生理缺素与杂柑黄化等问题，枳壳砧可救治根腐、天牛导致的根系与根颈腐烂问题；砧木苗尽量采用无病毒容器苗，一般用1 cm粗的砧木来靠接树体稍小的树、2 cm粗的砧木靠接树体较大的树。

图8 香橙砧木苗（左）与枳壳砧木苗（右）

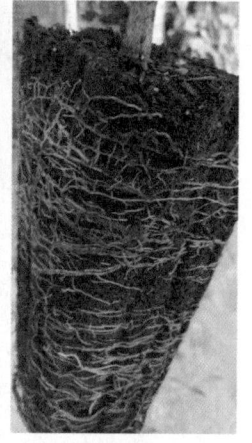

图9 主干粗直的香橙砧木容器苗

图10 根系健康发达的容器砧木苗

2.3 准备好嫁接、栽苗的工具和材料

靠接前应准备好枝剪、嫁接刀、嫁接塑料薄膜带、小钉、消毒液、锄头、灌水容器等工具和材料。

枝剪　　　　嫁接刀　　　　薄膜带　　　　消毒液　　　　小钉

图11 靠接换砧工具和材料

三、靠接换砧操作的技术要点

3.1 对原来树干进行相应处理

在拟靠接树的主干基部，选择2~3个平直、健康部位作为靠接点（对应下方土壤应该没有主根），将拟嫁接部位擦干净；在拟嫁接部位下方开挖定植穴，位置尽量靠近树干，让所靠接的砧木上部处于顶端优势位置，有利于靠接成活和后期快速生长。

图12　选定嫁接部位和开挖定植穴

3.2 做好靠接嫁接切口

在树干嫁接部位选择相对凸起的凸棱处，用嫁接刀纵向深划一刀，深度要求达到木质部，但不损伤木质部，长度2~3 cm；在纵向划口下方横切一刀，深达木质部，长度1~2 cm，形成"⊥"形切口；将"⊥"形切口两边的树皮轻轻剥开。

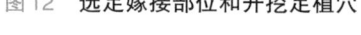
倒T形切口

图13　倒T形嫁接切口

3.3 对靠接苗进行处理

取拟用于靠接的砧木容器苗，从容器中拔出砧木苗，剪取主干分枝；将土团外周的营养土刨去一层，露出根系，将其适度短剪；将砧木苗放入栽植穴，尽量贴近拟靠接树干，对齐主干上的

"⊥"形嫁接口顶部高度，剪去砧木苗茎端多余的部分；将砧木顶部剪口削成的马耳朵斜面，斜面削成20°左右的斜倾角，且斜面应平整，能够与树干"⊥"形嫁接口的木质部紧密贴合，二者之间不见空隙为宜，否则复削。

3.4 靠接操作

将砧木茎端斜面轻轻插入树干"⊥"形切口，勿损伤形成层，二者紧密贴合；接口处用塑料薄膜带由下往上绑紧，原植株主干和砧木苗较大时还需用小铁钉将二者先固定；用土将砧木根部覆盖，从外向内（树干）倾斜踏紧土壤；筑树盘，灌透定根水。

图14 将砧木茎端斜面轻轻插入树干"⊥"形切口

3.5 要做好靠接后的砧木管护工作

靠接后30天左右需进行愈合情况检查，没有愈合的应立即补接；已愈合的嫁接口，再行薄膜包扎，年底去除包扎膜；及时抹（剪）除砧木上的萌蘖；加强肥水管理，每半月浇施一次速效性肥料，根据树体状况可适当减少挂果数量，尤其针对沃柑、爱媛28、春见等丰产性好的杂柑，要做好疏花疏果工作，以利于更好更快恢复好树势。

适时解膜

图15 靠接后检测愈合与解膜

图16　靠接后的砧木萌蘖需剪除

四、靠接换砧的注意事项

熟记以下注意事项，有利于真正掌握并用好靠接换砧技术。

4.1 砧木苗的削面要平整

保证砧木削面和树干切口吻合良好，这是靠接换砧成功的关键。

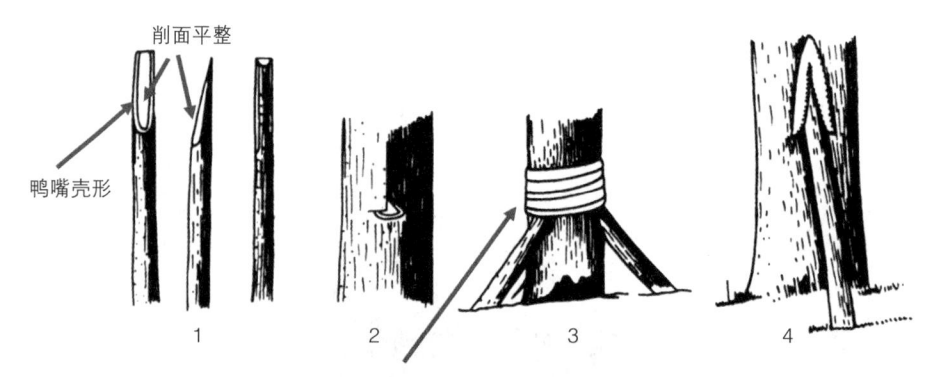

胶带绑紧，扎好薄膜：①加速形成层愈合；②防止雨水浸入接口，影响靠接成活率。

图17　砧木削面和树干切口良好吻合

4.2 接口应在树干的凸棱处

接口应选择在树干的凸棱处，这样保证靠接砧木与树干接口紧密贴合，后期砧木苗易增粗。

图18　树干凸棱处的识别

4.3 选用合适的砧木

应选用粗度合适的砧木：砧木太细，短时间难以长粗；砧木太粗，不易绑紧和愈合。

图19　选用合适的靠接砧木

4.4 靠接位置要合适合理

靠接的位置一般选择在原来嫁接口的上方。如果靠接位置在原嫁接口以下，起不到替代原来砧木输送水分养分的作用，无法发挥靠接优良砧木的效果，尤其是作防治脚腐病时，靠接部位应高于病斑上方30 cm左右，且最好提前对病斑进行刮治涂药（涂烯酰吗啉或25%甲霜灵200倍或90%三乙膦酸铝100倍等）处理。

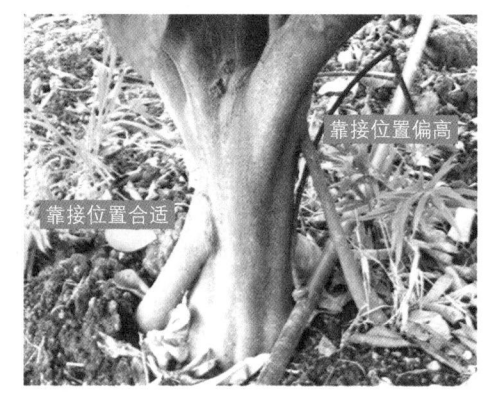

图20　**靠接位置应合理**

4.5 靠接的砧木苗应尽量贴近树干栽植

根据分枝角度与垂直优势的生物学特性规律，靠接的砧木苗应尽量贴近树干栽植，使得砧木和主干良好吻合，便于靠接砧木快速增粗，以有利于对被靠接树体顺畅输送所需水分和养分。

127

如果砧木苗栽植位置距离树干太远，砧木苗角度太大，砧木苗生长慢，而且易长萌蘖。

图21　**靠接位置不正确**

作者简介

　　易时来，西南大学柑桔研究所（中国农业科学院柑桔研究所）副研究员，长期致力于柑橘栽培理论技术研究与技术应用，果园规划设计与建园理论与技术实践。主持国家重点研发计划课题和子课题、"863计划"子课题、国家科技部星火计划课题、重庆市"121"科技示范工程重大项目、重庆市经信委"两化融合"等国家级与省部级项目50余项。规划设计国务院三峡移民果园、杨氏果业、海升集团、鲁能集团等信息化、机械化与宜机化现代高标准果园近20万亩。被聘为国家"三区"技术服务人才和重庆（2013年重庆市优秀科技特派员）、湖北荆门、荆州等柑橘产区科技特派员，多次深入云南新平，四川广安、南充、眉山，重庆忠县、万州、奉节，江西赣南、吉安，湖南新宁、永州、永兴，湖北荆州、荆门，浙江临海等柑橘产区进行优质化栽培技术与提质增效生产管理技术指导和培训。发表科技论文80余篇、参编专著6本、获得国家专利10余项、编写农业部和地方标准5项、获得重庆市科技进步奖二等、三等奖各1项。

　　专业特长：土壤与植物营养学、柑橘栽培理论与技术、果园规划设计理论与技术、农业信息技术。

果园绿肥种植技术

重庆市农业技术推广总站　王　帅

编者按

　　"绿肥种三年，瘦地变肥田"，绿肥是我国肥料行业三驾马车（化肥、有机肥、绿肥）之一。绿肥种植是我国传统农耕文明的精华积淀，也是实施乡村振兴战略，深入推进农业绿色化、优质化、特色化发展，推动农业由增产导向转为提质导向的重要技术。世界果品生产发达国家的果园80%以上采用行间生草覆盖或绿肥种植，果园生草覆盖或种植绿肥被公认为是一种先进的果园土壤管理方法，是生态果园建设和绿色果品生产的主流模式。SARE（美国可持续农业研究与教育计划）的研究结果表明，绿肥作物通过缓解土壤板结、改良土壤结构、防治土壤侵蚀、保持土壤水分等途径改良土壤、提高产量、改善品质；通过种植绿肥可以减施化肥和除草剂，缓解农业生产对农用化学品的依赖，有利于解决由农业面源污染而引起的公共健康和生态问题。

　　本文作者王帅，为重庆市农业技术推广总站副站长、高级农艺师，长期从事土壤肥料技术推广。他的网课《果园绿肥种植技术》主要讲解了果园种植绿肥的必要性、主要绿肥品种和详细的种植技术，具有很强的实用性和操作性。果园种植绿肥从土壤层面讲，可以增加土壤氮素、增加和更新土壤有机质、富集和转化土壤养分、增加土壤微生物有益群落数量、加速土壤熟化，起到提高土壤肥力的作用。从环境层面讲，可以减少水土流失，改善生态环境。从经济层面讲，通过种植绿肥可以减少化肥用量、减少除草剂等农药用量，增加饲料、增加蜜源，提高农产品产量和品质，进而增加农民收入。因此，推荐广大果农重视发展绿肥。

129

一、为什么要在果园种植绿肥

1.1 什么是绿肥和绿肥作物?

凡利用绿色植物体作肥料的均称绿肥。凡是栽培用作绿肥的作物称为绿肥作物。绿肥是我国传统的有机肥源,是我国肥料行业"三驾马车"(化肥、有机肥、绿肥)之一。绿肥的栽培利用在我国有着悠久的历史,早在公元前2世纪的西周和春秋战国时期就利用锄掉的杂草肥田的记载,《诗经·周颂》中有"荼蓼朽止,黍稷茂止",即认为黍稷生长茂盛与锄下的荼蓼(杂草)腐烂后肥田有关。西汉时期的《氾胜之书》提出:"须草生,至可耕时,有雨即耕,土相亲,苗独生,草秽烂,皆成良田。"《广志》一书中记载:"苕,草色青黄,紫华,十二月稻下种之,蔓延殷盛,可以美田,叶可食。"《齐民要术》载有"凡美田之法,绿豆为上,小豆、胡麻次之"的经验,指出施用绿肥作物的肥田效果是"其美与蚕矢、熟粪同"。

1.2 果园绿肥

世界果品生产发达国家的果园80%以上采用行间生草覆盖或绿肥种植,果园生草覆盖或种植绿肥被公认为是一种先进的果园土壤管理方法,是生态果园建设和绿色果品生产的主流模式。重庆有300多万亩柑橘园,行间空地占30%~50%,大多处于闲置或清耕裸露状态。行间闲置果园杂草丛生,依靠大量使用除草剂控制杂草;长期清耕的果园,依靠大量施用化肥供应果树养分,长期如此导致果园土壤肥力退化、水土肥流失、生物多样性下降、果品产量和质量降低,影响果园生态环境及绿色果品生产。绿肥尤其是豆科绿肥作为一种清洁的优质有机肥源,在果园土壤保育、化肥减施增效、生态环境保护和绿色果品生产中的重要作用逐渐被广大果农及科学家认可。2018年,农业农村部印发《农业绿色发展技术导则(2018—2030年)》,将"绿肥作物生产与利用技术""农田绿肥高效生产及化肥替代技术"等列入耕地质量提升与保育、化肥农药减施增效重点集成示范技术之一。

1.3 重庆果园绿肥的必要性

1.3.1 重庆耕地宜机化改造后，生土培肥需要种植绿肥

重庆地块碎小，多为巴掌田、鸡窝地；因此率先提出并推广"宜机化"整治，宜机化改造后的耕地大部分作为高效果园利用，例如重庆渝北大盛镇等区域。通过宜机化改造后，有利于机耕作业、有利于省工高效、有利于高标准农事作业。截至2020年，全市宜机化改造累计达到70万亩。通过农田宜机化改造，即田块小改大、田坎弯改直，田块实现了条状和规则，虽然实现了"以地适机"，让大中型农机能够进入田间作业。但是，随着大范围、大面积的动土，不可避免地破坏了原有耕作层，把底层生土翻耕到表层，导致了土层扰乱和土质下降，有些母质层裸露在外；心土层和底土层土壤有机质含量低，土壤急需熟化，尽快提高土壤肥力。从我们挖取的剖面分析结果可以看出，0～30 cm的耕作层土壤有机肥为18 g/kg，但是心土层、底土层就下降到5～6 g/kg，只有耕作层的1/3左右；同样、氮磷钾等矿质养分都有不同程度的下降，速效钾只有耕作层的13%左右；养分下降明显。

图1　同一地块的宜机化改造前后

	层次代号	层次名称	深度 cm	质地	容重 g/cm³	总孔隙度 %	pH	有机质 g/kg	全氮 g/kg	全磷 g/kg	速效钾 g/kg
	A	耕作层	0～30	壤土	1.48	44.2	7.9	18.5	1.23	0.99	303
	B	心土层	30～60	壤土	1.61	39.2	8.4	5.23	0.58	0.63	43
	C	底土层	>60	壤土	1.66	37.2	8.3	6.60	0.65	0.64	40

图2　重庆某果园土壤剖面及理化状况

有机质是土壤肥力的重要指标，种植绿肥并翻压后，可为土壤提供大量的新鲜有机质，一般鲜草含量为12%～15%，地下根部有机质含量更高。绿肥翻压后，可为土壤提供大量的新鲜有机质：若每亩地翻压1吨绿肥，施入土壤的新鲜有机质约120～150 kg。加上绿肥根系具有极强的穿透、挤压和团聚能力，因此能促进土壤水稳性团聚体结构的形成，从而改善土壤的理化生物性状和增加土壤有效养分，所以有利加速土壤熟化和低产田土的改良。

1.3.2 三峡库区柑橘园，化肥减量增效需要绿肥

2020年重庆在103个柑橘业主的施肥调查显示，平均每亩产量为1291 kg，有机肥投入量为473 kg/亩，化肥养分投入量为46.2 kg/亩，其中 N 为18.7 kg/亩，P_2O_5 为9.2 kg/亩、K_2O 为18.3 kg/亩，均高于推荐施肥量；底肥和追肥占比分别为4∶6；肥料以复混肥为主，使用平衡型肥料（15-15-15/16-16-16等）占比较高。种植绿肥是实现化肥减量增效、有机肥替代化肥的有效途径。绿肥作物含氮量较高，一般在0.3%～0.7%范围内。很多绿肥作物是豆科作物，它们能固定空气中的氮，一般认为豆科绿肥作物的总氮量有1/3来自土壤，有2/3来自根瘤菌的生物固氮。每亩豆科绿肥按2 t 鲜草计算可以归还的氮磷钾分别为：氮10～15 kg、磷3～4.5 kg、钾6～9 kg。因此，种植豆科绿肥作物可以充分利用生物固氮作用，增加土壤养分。再有种植绿肥，可以优化土壤微生物结构组成；增加生物多样性和有益微生物；通过根系深扎，提升底层矿质元素；根系分泌有机酸等物质，抑制有害微生物、增加有益菌群数量，进一步增加土壤团聚体，改善结构；提高化肥利用率。绿肥作物大多具有发达的根系，枝叶繁茂，覆盖度大，固土、固砂力强的特点。它可减少径流，防止冲刷；能改善土壤通透性，增强蓄水、保水能力。据试验证明，土地种植绿肥，比裸露土地可减少地表径流40%～60%，减少冲刷量40%～90%。根据西南大学，全国绿肥产业体系岗位科学家，石孝均团队的三年研究结果，在重庆忠县等地，果园绿肥覆盖较清耕减少氮肥流失17%～53%，减少磷肥流失45%～64%。

1.3.3 国家实现绿色发展和生态文明需要种植绿肥

绿色植物1亩地每天能吸收24～60 kg 的 CO_2，放出16～40 kg 的氧气。种植绿肥对实现"碳达峰、碳中和"意义重大。种植绿肥可以固定空气中的碳，使之进入土壤，转化为土壤有机碳。土壤有机碳是大气碳的两倍，是地球植被总碳量的3倍，参与地球陆域碳循环总碳量中80%的碳量，以土壤有机碳形式存

在于土壤中。绿肥等绿色植物，能绿化环境，净化空气。可减少或消除悬浮物、挥发酚、多种重金属的污染。绿肥等草地能吸收大量的光辐射、紫外线，既吸热又放热，有利于调节空气温度和湿度。种草还可防风沙；草的叶片表面粗糙不平，叶片上的气孔、绒毛和分泌的粘液，可大量吸滞灰尘。1亩草的叶面积总和是土地面积的20～30倍。一些绿肥作物还能分泌挥发油类物质，有杀菌效用。种植绿肥还具有吸收、降低噪声，保护视力的作用。

总之，果园种植绿肥具有多样化生态功能。果园种植绿肥，可提高产量，提高绿色果品品质；具有提高土壤肥力等支持性服务功能；能减少土温的月变幅，有利作物根系生长，减少杂草的危害等调节性服务功能；提供环境及文化服务功能，起到固沙护坡的作用、减少水土流失，增加景观和增加碳的固定等功能；还有物质供应服务功能，如提供蜜源和增加青储饲料，进一步增加农民收益。

二、果园绿肥主要品种

2.1 绿肥如何分类

2.2.1 按植物学科分

（1）豆科绿肥，用作绿肥的豆科植物，其根部有根瘤，具有生物固氮作用，如紫云英、苕子、箭筈豌豆、田菁等；

（2）非豆科绿肥，用作绿肥的十字花科、禾本科等非豆科植物，如油菜青、肥田萝卜、二月兰、黑麦草等。

2.1.2 按生长季节分

（1）冬季绿肥，指秋冬播种、第二年春夏利用的绿肥，如紫云英、苕子、二月兰等；

（2）夏季绿肥，指春夏播种、夏秋利用的绿肥，如田菁、槿麻、竹豆、猪屎豆等。

2.1.3 按生长期长短分

（1）一年生或越年生绿肥，如紫云英、二月兰、苕子、箭豌豆、田菁等；

（2）多年生绿肥，如小冠花、沙打旺、苜蓿等。

2.1.4 按生态环境分

（1）旱地绿肥，如二月兰、苕子、箭筈豌豆、田菁等；

（2）水田绿肥，如紫云英、苕子、田菁等；

（3）水生绿肥，如红萍、水花生、水浮莲等。

2.2 主要绿肥品种特性

在重庆，通过田间试验验证效果较好，并且种植面积较大的有六个品种，分别是：苕子、箭筈豌豆、胡豆、紫云英、油菜青和三叶草。从适宜条件看，耐寒、耐酸碱、耐旱、耐瘠薄较好的是光叶或毛叶苕子、三叶草等；耐寒性较好的是箭筈豌豆和胡豆，紫云英种植条件较高，油菜怕涝。生长季节看，这几个品种都是以秋播为主，主要生长季节在秋冬季和第二年春季；生物量和蛋白脂肪含量各有差异，以苕子最好。

2.2.1 苕子

苕子分毛叶和光叶，又分别叫毛苕子和光叶紫花苕；为一年生或越年生豆科草本植物。苕子耐酸碱、耐寒、耐旱、耐瘠薄，种子发芽最适温度20℃，需要经过0～5℃低温20天以上，才能度过春化阶段，因此春播不能结籽，在春夏季旺盛生长和可以覆盖土地、抑制杂草生长。开花结荚期需要干旱天气，才能良好结实。种子无休眠期，种子成熟后遇雨极易发芽。苕子对磷肥敏感，在瘠薄的土壤上施点氮肥，效果更好。

2.2.2 箭筈豌豆

箭筈豌豆又叫野豌豆，一年生或越年生豆科作物，原产于欧洲南部和亚洲西部，20世纪40年代引进到我国。箭筈豌豆喜冷凉、干燥气候，耐寒、怕热、耐瘠薄，可间、套、混作，对茬口适应性广，可秋冬季播种，也可以春季播种，气温在5℃左右种子即可发芽，生育期最适温度20℃。茎细软，有条棱、多分枝，爱攀爬。

2.2.3 胡豆

胡豆是世界上第三大重要的冬季食用豆作物。一年生或越年生草本植物，主根短粗，多须根，根瘤粉红色，密集。喜温暖湿地，耐-4℃低温，在重庆种植普遍，在葡萄园、柑橘园等都可以种植，固氮效果好。

2.2.4 紫云英

紫云英又叫红花草，原产于中国，一年生或越年生豆科植物。我国稻田最主要的冬季绿肥作物，紫云英喜温暖、种子发芽适宜温度15～25℃，低于5℃或者高于30℃发芽困难。主根直立粗大，侧根发达，根瘤较多。紫云英喜湿润，生长规律是冬长根、春长苗，喜肥性强、耐旱、耐瘠薄、耐涝力较差。

2.2.5 油菜

做绿肥的油菜一般叫油菜青，为十字花科，一年生或越年生草本，直根系，支根、细根多；油菜喜冷凉，抗寒力较强，种子发芽的最低温度4～6℃，在20～25℃条件下4天就可以出苗，开花期温度15～19℃。

2.2.6 三叶草

豆科多年生草本，生长期达5年，主根短，侧根和须根发达。适应性广，抗热抗寒性强，对土壤要求不高，耐旱性强，最适温度为16～24℃，在平均温度≥35℃、短暂极端高温达39℃时也能安全越夏。喜光，在阳光充足的地方，生长繁茂，竞争能力强。

三、果园种植绿肥的技术要点

3.1 果园种植绿肥品种推荐

在重庆，柑橘园以种植冬绿肥为主，优先推荐毛叶苕子、光叶苕子、箭筈豌豆，其次推荐白三叶草、二月兰、紫云英。光叶苕子、毛叶苕子和箭筈豌豆适宜在重庆所有的果园种植，具有耐瘠薄、耐旱、耐寒、耐酸、耐碱特性，适应性广、主茎分枝能力强、地表覆盖率高、抑制杂草能力强、鲜草产量和养分含量高，种植轻简。白三叶适宜种植在土层较厚的柑橘园，土壤瘠薄、耐旱能力差的山地果园种植效果差；二月兰适宜种植在土壤肥沃的果园；紫云英适宜种植在水肥条件好的谷地及坝地。这三种绿肥对播前整地和前期管理要求较高。

毛叶苕子　　　　　　　光叶苕子　　　　　　　箭筈豌豆

图3　重庆果园推荐的三个主要绿肥品种

3.2 果园种植绿肥的技术要点

3.2.1 "四适"种植技术

种植技术要点，主要是注意"四适"：一是适时播种，每种绿肥发芽有相应的温度要求，在最佳的农时季节播种为好；二是适量用种，种子价格不一，苕子价格较便宜，根据种植目的，是全园播种还是行间播种，种子用量有些差异，具体数量见推荐的表格；三是适度管护，现在都推荐轻简化栽培，尽量减少人工或者劳力投入，因此可以机械条播，甚至用无人机飞播，尽量免耕不施肥；四是适年翻压，一般自然枯萎，实现生草覆盖；3年左右在盛花期或者在下茬作物播种前7～10天，使用秸秆还田机粉碎，并用旋耕机翻压至耕层10～15 cm。如果生物量小于1吨/亩，可直接用旋耕机翻压至耕层。

表1　六种绿肥的"四适"种植技术

品种	适时播种	适量用种 （kg / 亩）	适度管护	适年翻压
苕子 （光/毛叶）	3月中上旬，或9月中下至10月上中旬	1.5～2	撒播或条播：行距40～60 cm，播种深度3 cm左右	一般自然枯萎，实现生草覆盖；3年左右在盛花期可使用秸秆还田机粉碎，并用旋耕机翻压至耕层
箭筈豌豆	3月前后，或9月	3～4	条播或穴播，播种深度2～3 cm	同苕子一致
胡豆	10月上至11上旬	12～14	条播或穴播，可适度采摘嫩胡豆	3月底至4月初，将其直青还土

续表

品种	适时播种	适量用种（kg/亩）	适度管护	适年翻压
紫云英	9月中下至10月初	1.5～2.5	最好接种根瘤菌；注意开沟排水	5月中旬结荚成熟时，一次性翻耕入土
油菜绿肥	9月至10月上旬	1～1.5	撒播，瘠薄地可追尿素肥3 kg/亩	3月底至4月初，将其压青还土
三叶草	3月中旬前，或10月中旬前	0.5～1.5	播前应平整土地，除净杂草	实现生草覆盖后会多年生，很难清除

3.2.2 轻简化种植技术

杂草少的果园可以不旋耕、不除草、直接撒播，于9月中下旬在降雨后土壤湿润的情况下均匀撒播于距离树基0.5 m以外的行间（也可以全园撒播）；杂草生长茂密的果园播前采用机械或人工割草（采用化学除草剂的果园应在播前1月左右使用，一般不建议用除草剂），然后直接撒播。土壤墒情适宜的情况下播后3～7天生根发芽，之后让其自然生长，当年12月果园绿肥覆盖可以达到80%左右，到翌年的2月底和3月初绿肥开始旺盛生长，实现果园全覆盖，3月下旬到4月上旬进入始花期，此时每亩鲜草产量可以达到1.5～5吨（土壤贫瘠的果园鲜草产量在2吨左右），4月份进入盛花期，5～6月份进入结荚和自然枯萎期。

撒种3～5天

撒种2月后

撒种2周后

第二年2—3月

图4　重庆果园苕子绿肥播后长势

3.2.3 果园绿肥利用

一是自然枯萎覆盖。秋冬春季，绿肥以自然生长、鲜草覆盖为主，到春夏季，绿肥开花结实后，让其自然枯死覆盖于行间，种子落地后，成为新的种源，9月再自然发芽生长，可以建设播种量30%左右。光叶苕子完全枯萎时间为5月中下旬，毛叶苕子和箭筈豌豆的完全枯萎时间在6月上中旬。

二是刈割覆盖或者翻压还园。翌年3—4月，将绿肥刈割后覆盖于果树树盘及行间，或者结合柑橘春季施肥将绿肥翻压于施肥沟或行间，让其降解，为柑橘提供优质有机肥源。

四、重庆果园"绿肥+"技术模式实例

重庆在2017年实施果菜茶有机肥替代化肥项目以来，在全国绿肥产业体系和西南大学石孝均课题组的研究支持下，重庆市农业技术推广总站2019年印发了"三峡库区果园绿肥种植技术指导方案"，绿肥种植得到快速发展。重庆针对柑橘物候特征，把绿肥生长和轻简化管理策略进行了有效衔接；形成柑橘园冬绿肥全程轻简化高效生产技术模式，详见图5。这是一个典型的案例，主要在重庆忠县果园形成和推广，2018年忠县柑橘绿肥面积约5万亩，2020年达到10万亩，增速迅猛。

通过忠县果园绿肥监测数据，果园土壤有机质由0.6%~0.8%提升至1.1%~1.2%，每年向每亩果园土壤输入纯氮10 kg，可以替代化肥氮肥10%~20%，果园生草覆盖较清耕减少径流10.8%，有效阻控了三峡库区面源污染的发生。通过种植绿肥实现"以冬草压夏草（冬绿肥覆盖利用抑制夏季杂草疯长）"，减少春夏人工除草1~3次（平均2次），有效抑制了果园中恶性杂草的生长，基本杜绝了除草剂的使用，节约人工除草成本40元/亩左右。

三峡库区季节性降雨丰沛，年平均降雨量达1200 mm，该降雨条件下几乎不存在"果草争水"现象，既能保持水土、也能缓解柑橘园季节性干旱问题。果园绿肥可以有效改善和优化果园小气候：减少蒸发损失、保墒蓄水、调节地温；绿肥播种时期（9月底10月初），土壤墒情良好，有利于绿肥种子萌发和生长。通过试验监测，土壤温度在夏季高温时期与清耕相比可以下降5℃；同时，增加了土壤含水量。该技术可显著改善果实品质；相对于清耕处理，果园中种

植豆科绿肥可显著改善果实Vc、可溶性固形物、糖含量、糖酸比，分别提高了16%、6.7%、6.8%、28.8%，产量提高8%，增收节支170元/亩。

图5　重庆果园冬绿肥技术模式

果园"绿肥+"技术模式，是绿水青山变成金山银山的具体实践。在忠州草橘基地，通过人工种植绿肥和自然生草覆盖，实现绿色生态种植管理，忠州草橘价格从每千克16~60元不等，增值2~7倍。同时，土壤生物多样性增加和土壤团粒结构的形成，有效减轻土壤板结，增加土壤通透性，减轻长期过量施肥对土壤结构的破坏，全面提升了土壤综合生产力。

作者简介

　　王帅，重庆市农业技术推广总站副站长、高级农艺师，被聘为国家"三区"科技人才和重庆市科技特派员（2020年、2021年被评为优秀科技特派员），重庆市第三批学术技术带头人后备人才，长期从事土壤肥料和植物营养研究及技术推广工作。2005年开始参与全市测土配方施肥项目，2016年牵头推进重庆化肥零增长行动、果菜茶有机肥替代化肥和耕地保护与质量提升等项目；重庆2013—2014年绿肥种植面积不足20万亩，2016—2017年增长到60万～70多万亩，2020年增加到100万亩以上。2015年参与的《有机无机缓控释多养分肥料研制与应用》荣获中华农业科技奖二等奖，2016年主笔的《重庆测土配方施肥技术体系构建与应用》荣获重庆市科学技术进步奖二等奖；另荣获省部级科技奖三等奖2项。副主编出版《肥料田间试验指南》、《果菜茶有机肥替代化肥技术模式》、《重庆耕地地力研究与评价》（一、二、三）等著作7部；完成行业标准1项、地方标准4项、专利6项，发表论文30余篇。

柑橘科学施肥管理技术

西南大学/国家柑桔工程技术研究中心　易时来

编者按

　　肥料施得巧，果园效益好！肥料是作物的"口粮"，但不同的土壤、气候条件和生长时期，作物对"口粮"的需求是不同的，而且作物根系虽然具有向肥性，它总归不能像动物那样主动觅食，需要人们将肥料喂到根区土壤才能被作物有效吸收，所以给错肥料、施错了位置，都无法发挥肥料的有效作用，反而造成面源污染，或引发肥害。为此，掌握准确的施肥时机、施肥量和施肥方法等，对于高效生产尤为重要。本文作者易时来是西南大学柑桔研究所（中国农业科学院柑桔研究所）副研究员、硕士生导师，长期致力于土壤与植物营养学、柑橘栽培理论与技术、果园规划设计理论与技术，以及农业信息技术的研究与实践。他的网课《柑橘施肥管理技术》从土壤管理、土壤与树体养分规律和柑橘施肥技术三个方面系统讲解橘园如何科学高效用肥，具有非常重要的现实指导意义。

柑橘根系好比人吃饭的一张嘴，而肥料是柑橘的"粮食"，当农户将大量的"粮食"撒在土壤表面时，分布在土层较深层的柑橘根系"这张嘴"。它能吃到它的"粮食"吗？答案是否定的。

图1　柑橘根系分布

图2　果农错误的施肥方法

一、果园施肥现状与需求

随着当前农业从业劳动力数量和质量的不断下降，农业生产劳动力供求矛盾日益凸显。针对主要分布于丘陵山地的柑橘产业重要生产管理环节之一的施肥，其作业强度之大，劳动力成本之高，导致果农往往通过撒肥省事的方式进行施肥，长期土壤表面撒肥的直接后果是，柑橘根系不断上浮，树体抗冻或抗旱能力受到极大负面影响，这样施肥的果园果树遇到夏季高温干旱、冬季低温冻害时，往往最先、最容易也是受害最重的，进而导致果园的土壤肥力下降，果园产量低和果实品质差等问题。

图3 柑橘园土壤表面长期撒施化肥导致根系严重上浮

因此，需要通过果树科学合理施肥，来提高果园土壤肥力，让果树生长的土壤质地好、土壤疏松透气、土壤有机质含量高、土壤中富含有益微生物，这样的土壤才是肥力高的土壤，这样的土壤才能使柑橘树"吃得饱""喝得足""站得稳""住得舒适"！这样的柑橘园生产出来的果实一定是优质的、高产的、营养全面丰富的！

由此，应该做好柑橘科学施肥管理。

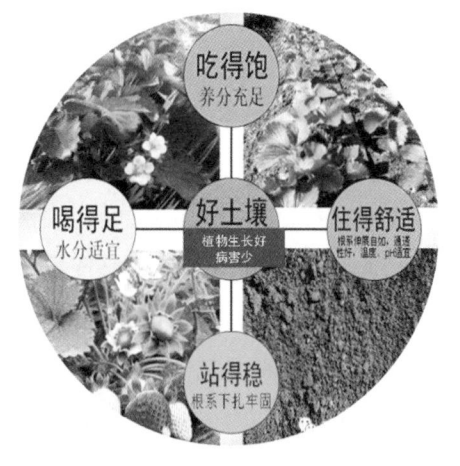

图4 柑橘园土壤肥力高的表现

那么，如何才能做好柑橘科学施肥管理呢？这就要求我们在做好果园的土壤改良与培肥管理，充分认识和明确柑橘树体营养特点与需肥规律的基础上，采用科学的方法施肥。

二、果园的土壤改良与培肥管理

由于柑橘根系较为发达，在土层中分布较深，且大多根系主要分布在40~60 cm土层中，所以种植柑橘的土层要求深厚，且一般要求土层深度不低于1m；如果在土层浅薄的土地上种植柑橘，需要通过爆破、开沟、壕沟、聚土起垄等方式来加深土层。土质要求疏松透气，柑橘树对土壤质地的适应范围虽然较广，在各种土壤上都能生长，但其最适宜的

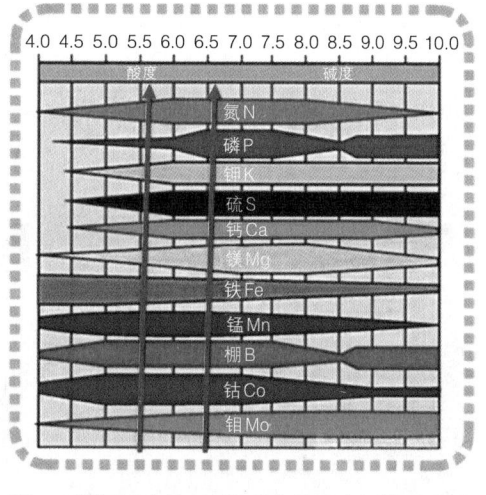

图5　柑橘园土壤pH值对营养元素活性的影响

土壤质地是沙壤土和壤土，因此，沙质土和黏重的土壤上种植柑橘首先都需要改良成壤土或沙壤土，以增强土壤的通透性能，更利于柑橘的良好生长发育。果园土壤pH值要求适宜，柑橘对土壤酸碱度适应范围较宽，以pH值5.5~6.5的土壤最适宜，如果土壤太酸或太碱，容易导致柑橘树体生理性缺素等问题，从而使柑橘树体生长不良、果园产量低、果实品质差。土壤有机质（OM）含量要求丰富，土壤有机质含量的高低是衡量土壤肥沃程度的重要指标，优质丰产果园的土壤OM在2%~3%以上，最好能达到3%~5%，有机质含量偏低的果园土壤可以通过施用有机肥来逐步提高土壤OM含量水平。果园土壤矿物质元素含量要求丰富，柑橘的正常生长与开花结果都要求土壤有丰富的矿物质营养，缺素的土壤不利于柑橘的生长发育。

具体果园土壤如何改良培肥呢？针对新建柑橘园，根据具体土地利用类型或土壤质地情况，建园时可通过壕沟或大穴方式大量补充有机材料进行深层土壤改良与培肥。针对建园种植好的柑橘园，柑橘栽植后每年通过扩穴改土与绿

肥还田方式进行土壤培肥，同时重视有机肥尤其是生物有机肥的深位施用，不断补充和实现果园土壤土层深厚、土质疏松、土壤酸碱度适宜、土壤有机质含量升高以及土壤营养全面丰富等柑橘优质丰产生产的适宜土壤环境条件。其中适宜柑橘园种植的绿肥品种及播种要求如表1所示。

图6　建园时壕沟压埋有机材料改土培肥

图7　建园栽植后条沟压埋绿肥改土培肥

表1　适宜柑橘园种植的绿肥品种及播种要求

草种名	播种时期	适宜播种量	播种方式	播种深度	适宜果园类型
白三叶草	春秋播	30.0 kg/hm²	撒播	1~2 cm	幼龄或成年
光叶苕子	秋播	37.5 kg/hm²	撒播	1~2 cm	成年
紫云英	秋播	22.5 kg/hm²	撒播	1~2 cm	幼龄或成年
山蚂豆	秋播	45.0 kg/hm²	撒播或窝播	1~2 cm	幼龄或成年

针对柑橘园偏酸的土壤，需进行酸性土改良。对pH值4.5以下的过酸性土壤，不仅不适宜柑橘生长，而且铝离子的活性强，对柑橘根系有毒害作用，因此，对该土壤必须进行酸性土壤改良。酸性土改良措施包括：通过土壤施用石灰来中和酸性，实现酸性土改良，每亩用量40～50 kg，可在整地时均匀施入；以后每年施用量减少1/2，直至土壤呈中性或微酸性土壤为止；通过果园种植绿肥还田方式进行酸性土改良培肥，同时还可逐步增加土壤有机质含量；还可以通过施用生理碱性肥料进行酸性土改良，如钙镁磷肥、磷矿石粉、草木灰、石灰氮、氨水等生理碱性肥料，均对酸性土壤有中和和较好改良的效果。石灰的施用量应根据土壤酸度大小和土壤质地情况来定，土壤黏性越大，则土壤氢离子浓度也越大（酸度越大），石灰的施用量应多；反之，则可少施。同时，果园撒施石灰后，应将土壤进行翻耕，让土壤与石灰充分混匀，使不同深度的土层土壤都能与石灰充分混匀，才能起到较好的改良效果。

表2　各种类型酸性土壤的熟石灰粉适宜用量（kg/亩）

pH值	砂土	砂壤土	壤土	黏壤土	黏土
4.9以下	60	120	200	260	340
5.0～5.4	40	80	120	160	200
5.5～5.9	20	50	60	80	100
6.0～6.4	10	20	30	40	50

盐碱土柑橘园主要存在于海涂地区，盐碱土中的高NaCl含量对柑橘产生毒害，其中Cl的临界毒害浓度为0.25%，Cl离子过高使叶缘黄化，叶片呈赤褐色，叶片和果实脱落；而高浓度Na往往引起叶尖坏死。导致土壤碱化后引起缺铁黄化；盐碱土中的盐分还包括土壤中的硫酸盐和碳酸盐等化学成分。盐碱土柑橘园全盐含量0.2%以上、NaCl含量300 mg/L就不能种植柑橘，应该将土壤中全盐含量降低到0.02%、NaCl含量降低到200 mg/L以下。针

图8　不合理施用石灰改良酸性土

对偏碱的盐碱土柑橘园，主要改良措施包括：筑坝挡水，防避海水；排水、洗盐，降低含盐量；采用土面覆盖，避免表层返盐。

三、柑橘树体的营养特点与需肥规律

柑橘生命周期从幼树、初结果、结果盛期到衰老阶段，一般要经历几十年至上百年时间，每个阶段树体的需肥特点各不相同。其中：

幼树期果树

需肥特点：重氮轻磷钾

施肥目的：扩大树冠，扩展根系，为开花结果打下基础

盛果期果树

需肥特点：氮磷钾配合钾需求量大

施肥目的：合理施肥，确保连续丰产稳产

结果初期果树

需肥特点：重磷配氮钾

施肥目的：促花芽分化健壮花芽，增强树冠，保果壮果

衰老期果树

需肥特点：氮肥为主，配合磷钾

施肥目的：更新复壮，延长挂果期

147

图9　柑橘生命周期的施肥目的与需肥特点

- 建园栽植后的幼树阶段的施肥目的，主要是扩大树冠，扩展根系，为开花结果打下基础，此期施肥要重氮、轻磷钾。
- 初结果阶段的施肥目的，主要是促花芽分化健壮花芽，继续扩大树冠，保果壮果，此期施肥要重磷、配氮钾。
- 盛果期阶段的施肥目的，主要是确保连续丰产稳产优质，此期施肥要氮、磷、钾合理配合施用，且钾肥需求量相对较大。
- 衰老阶段的施肥目的，主要是对树体的更新复壮，延长树体挂果期，此期施肥要以氮为主，配合磷钾。

柑橘枝梢生长与开花结果等周年对氮、磷、钾等各种养分的需求各异，如处于结果盛期阶段的柑橘树，果实吸收利用钾的量最大，基本与氮相当，而吸收利用的磷只有氮或钾的三分之一左右，且春梢萌芽、开花结果、枝梢抽生、果实膨大、果实转色成熟等各物候生长阶段，树体需要的各养分的量也各不相同，其中果实膨大阶段需要的氮、磷、钾养分量最大，基本占整个周年的量的一半左右。

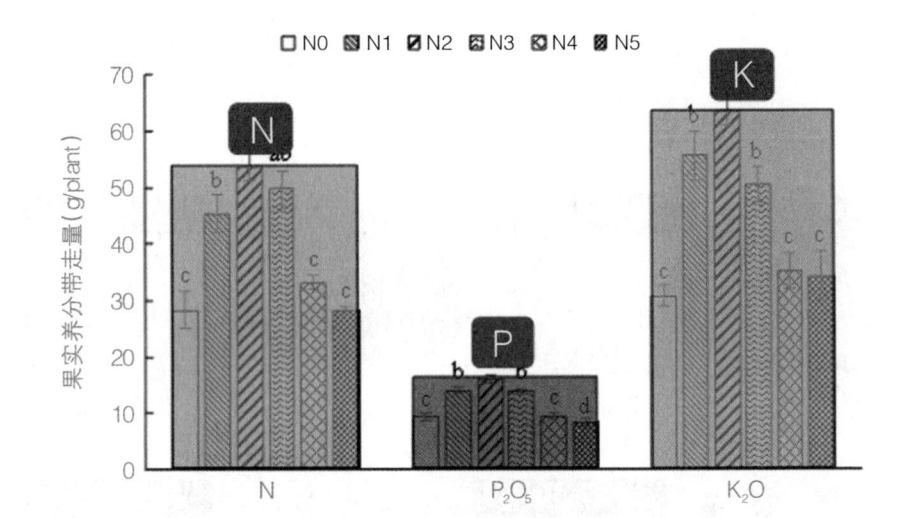

图10　塔罗科血橙果实氮、磷、钾吸收量

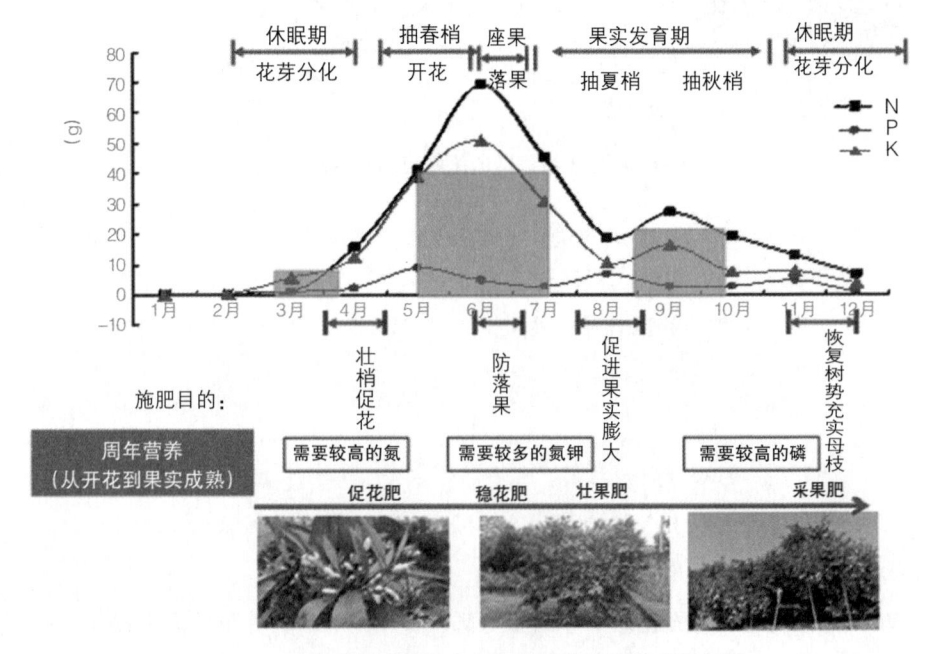

图11　柑橘周年生长发育与氮磷钾养分吸收利用规律

科特派网课赋能产业振兴之　柑橘精品课

　　从柑橘周年生长发育树体氮、磷、钾等矿质营养元素吸收利用情况来看，当年生果实、叶片、枝条等器官组织中的氮吸收量，果实占70%、叶片占25%、枝条不到5%；当年生器官组织磷吸收量，果实占80%、叶片占15%、枝条不到5%；当年生器官组织钾吸收量，果实占80%、叶片占20%、枝条不到1%；由此可见，果实吸收带走的氮、磷、钾养分量基本占整个树体吸收量的70%～80%，因此，根据果实产量及其果实养分吸收带走量的分配比例系数等进行补充施肥，具有可操作性和可行性。

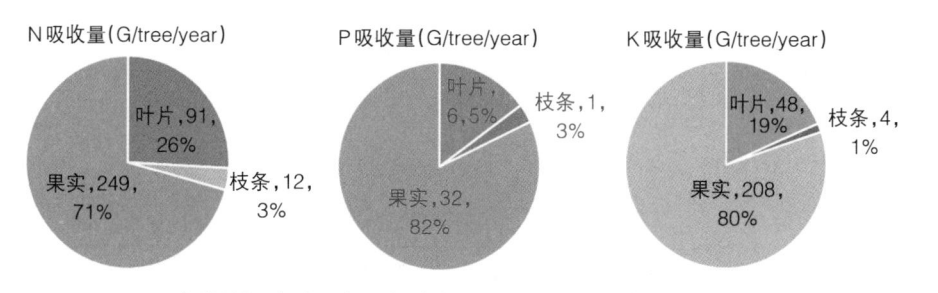

图12　奈维林娜脐（10年生）当年生枝叶果的氮、磷、钾吸收量与占比

四、科学高效施肥的技术要点

　　第一步，开展营养诊断。

　　施肥前，我们需要先对果园的土壤与叶片进行营养诊断分析，常用的分析方法包括土壤与叶片取样化学检测分析方法、田间缺素症形态诊断分析法，还可以借助"3S"技术（RS遥感技术、GPS全球定位系统、GIS地理信息系统）辅助技术进行监测与营养诊断分析，再将营养诊断与检测分析的结果与柑橘叶片养分分级标准、土壤养分分级标准进行比对分析，再进行施肥决策。

表3　柑橘叶片养分分级标准

养分	单位	缺乏	低量	适量	高量	过量
N	%	<2.2	2.2～2.5	2.5～2.8	2.8～3.0	>3.0
P	%	<0.10	0.10～0.12	0.12～0.16	0.16～0.30	>0.3
S	%	<0.14	0.14～0.20	0.20～0.40	0.40～0.50	>0.50
K	%	<0.7	0.7～1.0	1.0～1.5	1.5～2.0	>2.0

养分	单位	缺乏	低量	适量	高量	过量
Ca	%	<1.6	1.6~3.0	3.0~5.0	5.0~7.0	>7.0
Mg	%	<0.2	0.2~0.3	0.3~0.5	0.5~0.7	>0.7
Fe	mg·kg⁻¹	<35	35~60	60~120	120~200	>200
Mn	mg·kg⁻¹	<18	18~25	25~100	100~300	>300
Zn	mg·kg⁻¹	<18	18~25	25~100	100~200	>200
Cu	mg·kg⁻¹	<4	4~6	6~16	16~20	>20
B	mg·kg⁻¹	<20	20~35	35~100	100~200	>200

注:摘自柑橘营养诊断配方施肥技术规程(DB50/T487–2012)[S].重庆市质量技术监督局。

表4 柑橘园土壤有效养分分级标准

有效养分	单位	缺乏	低量	适量	高量	过量
碱解氮	mg/kg	<50	50~100	100~200	200~300	>300
有效磷	mg/kg	<5	5~15	15~80	80~200	>200
速效钾	mg/kg	<50	50~100	100~200	200~360	>360
交换钙	mg/kg	<200	200~1000	1000~2000	2000~3000	>3000
交换镁	mg/kg	<80	80~150	150~300	300~500	>500
有效铁	mg/kg	<5	5~10	10~20	20~50	>50
有效锰	mg/kg	<2	2~5	5~20	20~50	>50
有效锌	mg/kg	<0.5	0.5~1.0	1.0~5.0	5.0~10	>10
有效铜	mg/kg	<0.3	0.3~0.5	0.5~1.0	1.0~2.0	>2.0
有效硼	mg/kg	<0.25	0.25~0.5	0.5~1.0	1.0~2.0	>2.0

注:摘自苏婷婷等,重庆市柑橘园土壤养分现状研究[J].土壤,2017,49(05):897–902。

第二步,确定施什么肥。

施肥实践中,我们需要结合肥料及其元素特点、影响肥料肥效的因素,以及土壤性质等因素,科学合理地选择所需的肥料品种。下面以氮、磷、钾营养元素为例逐个进行介绍:

图13　柑橘缺素症

　　氮素形态包括硝态氮、铵态氮、尿素态氮，而硝态氮在土壤中容易吸收，也容易被雨水等淋失损失，铵态氮在土壤中难以被根系所吸收，且容易挥发损失，尿素态氮首先需要在土壤中进行转化后才能被作物根系所吸收利用；影响氮素吸收利用的因素包括土壤水分供应，酸性土壤钙离子有利于铵态氮的吸收利用，钙镁钾离子含量低时有利于硝态氮的吸收利用；柑橘氮肥施用技术要点主要包括：幼树、衰老更新树施肥以氮肥为主，旺树少施，小年树少施；花前或夏梢停长后可采取叶面追肥，防止诱发夏梢；初结果树或旺长树，应该控氮增磷；氮肥尽量入土施用，基肥在秋季与有机肥混合后沟施；通过雨水、灌溉等，以水带氮施用。

　　磷素在土壤中的移动性相对较小，与吸收根水平相距5 mm左右范围内的磷酸根才可被根系所吸收利用，且磷酸根容易与土壤中的其他阳离子发生反应从而固定，土壤磷的有效性相对较低；影响磷素吸收利用的因素有土壤钙、镁、铁、铝等与$H_2PO_4^-$生成难容性的沉淀，土壤水分供应（干旱、积水都会抑制磷的吸收）以及温度（土温21℃时的P吸收率为13℃的3倍）等；柑橘施磷技术要点主要包括：磷肥采用与有机肥混匀一起作为基肥施用，以及通过叶面追肥（高湿度条件下枝叶上易引发绿藻）相结合方式进行补充；红壤、砖红壤等酸性土壤柑橘园，首先应通过石灰将土壤pH调至6.0左右，再将磷肥与石灰、有机肥相结合进行施用；磷矿粉等难溶性磷肥宜与有机肥堆制腐熟后再施用；红壤、砖红壤等酸性土壤柑橘园施用的磷肥种类应选择生理碱性的钙镁磷肥、磷矿粉等；采用开沟条施或穴施，磷肥相对集中于须根附近（表面撒施复合肥的磷难以吸收利用），提高磷肥利用率和持效性；土壤追施时，应采用缓释肥，或与黄腐酸混合施用。

钾素在土壤中较难移动，其水平移动距离7 mm以内，且较易固定；影响钾素吸收利用的因素主要是土壤水分供应（干旱、干湿交替易造成土壤钾的固定）和土壤温度；柑橘施钾技术要点：适度深施或撒施后旋耕土壤；土壤速效钾低于80或100 mg/kg施钾才有效果；宜与有机肥混合发酵，施于根区土壤附近，提高钾肥利用率；不宜在果实膨大期以后追施钾肥；计算施钾量时，要考虑其他肥料中的钾素含量（如褚橙基地果园采用烟梗发酵后作为有机肥施用）。

柑橘中、微量元素肥施用技术要点主要包括：许多中、微量元素从缺乏到过量之间的浓度范围十分狭窄，微量元素肥料用量过大不仅对作物有毒害作用，而且有可能污染环境或进入食物链，有碍人畜健康，因此，应严格控制微量元素的施用量，并要求施用时力求均匀，避免局部浓度过大；微量元素肥料采用土壤施肥时一般利用率较低，建议通过与有机肥料混合混匀施用；在柑橘根系活动最旺长的阶段施用最佳；也可以通过施用含中、微量元素的大量元素肥料，如过磷酸钙、硫酸钾镁以及含某种微肥的复合肥料等；土壤施用微量元素肥料后效时间长，一般可持续3~4年时间。

第三步，确定施肥量。

柑橘树到底需要施多少肥，即一株树的施肥量问题。

每年树体生产一定量的果实而要带走较大量的营养养分，同时树体各器官组织的生长发育与新陈代谢也要消耗一部分养分，当然土壤肥力水平的影响，或多或少也会释放和供给树体生长发育所需的部分养分，因此，需要综合考虑以上因素，同时需要根据树体实时生长状况和产量品质要求，精准定量施用肥料。

第四步，怎么给柑橘树施肥？正确的施肥方法是怎样？

一是要根据柑橘周年树体生长发育对氮、磷、钾等养分的不同需求特点进行补充施肥，一般可采用3~4次或多次施肥，即采用春季施肥（冬季施肥）、夏季施肥、秋季施肥的3段（或4段）施肥法。

表5　柑橘一周年氮磷钾分配比例（三段施肥法）

	阶段	物候期	施肥技巧	N	P	K	Mg
1	春季施肥	萌芽肥、花前肥	氮、钾为主	40%	20%	30%	40%
2	夏季施肥	稳果+壮果肥	氮、钾为主	40%	30%	50%	60%
3	秋季施肥	采果肥(还阳肥,基肥)	有机肥和磷为主	20%	50%	20%	—

水肥一体化技术

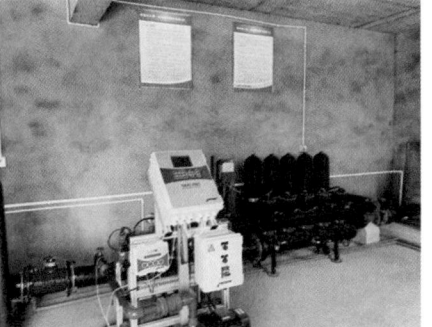

图14　柑橘常用的施肥方法

二是根据所供应的肥料（有机肥或化肥、固体肥或液体肥、难溶肥或水溶肥等）特点特性，采取相应的施肥方法，如沟施（环状沟、放射状沟、条沟等)、穴施等，再如通过开沟深位施用有机肥或浅位施不同类型的化肥，对有条件的果园，可借助机械化施肥设备或水肥一体化设施进行高效施肥；针对规模化较大果园，尤其是丘陵山区土壤肥力水平差异较大的果园果树，建议利用GPS、GIS等现代信息化技术手段，实施差异化变量施肥技术进行施肥，即根据不同肥力水平的果园地块、不同品种类型树体、不同树龄大小或不同产量水平等的要求，实现差异化、精准化、定量化施肥的目的。

图15　柑橘园水肥一体化设施

图16　柑橘园各种机械化施肥作业装备

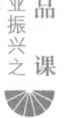

科特派网课赋能产业振兴之　柑　橘　精　品　课

作者简介

　　易时来，西南大学柑桔研究所（中国农业科学院柑桔研究所）副研究员，长期致力于柑橘栽培理论技术研究与技术应用，果园规划设计与建园理论与技术实践。主持国家重点研发计划课题和子课题、"863计划"子课题、国家科技部星火计划课题、重庆市"121"科技示范工程重大项目、重庆市经信委"两化融合"等国家级与省部级项目50余项。规划设计国务院三峡移民果园、杨氏果业、海升集团、鲁能集团等信息化、机械化与宜机化现代高标准果园近20万亩。被聘为国家"三区"技术服务人才和重庆（2013年重庆市优秀科技特派员）、湖北荆门、荆州等柑橘产区科技特派员，多次深入云南新平，四川广安、南充、眉山，重庆忠县、万州、奉节，江西赣南、吉安，湖南新宁、永州、永兴，湖北荆州、荆门，浙江临海等柑橘产区进行优质化栽培技术与提质增效生产管理技术指导和培训。发表科技论文80余篇、参编专著6本、获得国家专利10余项、编写农业部和地方标准5项、获得重庆市科技进步奖二等、三等奖各1项。

　　专业特长：土壤与植物营养学、柑橘栽培理论与技术、果园规划设计理论与技术、农业信息技术。

柑橘黄脉病、衰退病防控技术

西南大学/国家柑桔工程技术研究中心　周　彦

编者按

　　柑橘作为多年生果树，因农事操作和媒介昆虫在田间极易感染一种或多种病毒类病害，造成植株生长发育受阻，导致产量降低、品质变劣，甚至植株死亡。柑橘病毒病易传播，感染后树体终生带毒且难以防治。我国柑橘生产上的病毒病主要包括衰退病、碎叶病、柑橘裂皮病等。近年来，伴随柑橘产业结构调整，柑橘繁殖材料交流加快，新的病毒类病害问题亦不断出现。因此，通过介绍柑橘衰退病和黄脉病的防治方法，从而为柑橘产业中病毒病的防控提供参考和借鉴。

　　本文作者周彦，为西南大学柑桔研究所（中国农业科学院柑桔研究所）研究员、博士生导师，长期致力于柑橘病毒病和检疫性病害的鉴定、防治，以及病原—寄主互作机制研究。他的网课《柑橘黄脉病、衰退病防控技术》从病毒病的特点、发生分布、症状、传播途径、防治方法等方面介绍了柑橘黄脉病和衰退病防控技术，有助于广大业主和生产主管部门了解柑橘病毒病的危害，掌握相关防控关键技术。

一、关于果树病毒

果树病毒是危害果树的一类非细胞生物，仅由核酸和蛋白质构成，它专性寄生，离开果树后无法长期存活、增殖。

图1　常见的几种柑橘病毒病

果树病毒具有以下特点：

1.常潜伏侵染，一旦发病，无药可治，而且一旦感染，植株终生带毒。

2.由于果树为多年生作物，农事操作、高接换种或媒介昆虫传播往往导致果树同时感染多种病毒。

3.果树病毒引起的症状复杂多样。主要表现有花叶、黄化、脉明、矮缩、丛枝、植株矮化等，高温下症状常会减弱甚至消失。

4.绝大多数的果树病毒都是系统侵染，即病毒侵染植株后，会随韧皮部传播至植株的各个部位，造成周身带毒。

5.果树病毒病在田间常有1个或多个发病中心，病株从发病中心逐渐向外扩散。

图2　处置病毒病侵染后的国外规模化果园（前景）

二、柑橘黄脉病的防控

2.1 发生范围

柑橘黄脉病最早于1993年被发现于巴基斯坦。随后相继在印度、土耳其和伊朗暴发，造成了严重的经济损失。我国于2009年首次在云南瑞丽的尤力克柠檬上检测出柑橘黄脉病。随后在我国最重要的柠檬产区四川安岳也发现了该病。目前在我国各柑橘产区均有分布。

2.2 寄主范围和症状

柑橘黄脉病的寄主范围广泛，可侵染所有柑橘属、枳属和金柑属植物，同时还可侵染豇豆、菜豆、辣椒、藜麦等作物。近年来国外报道在锦葵、龙葵等田间杂草上亦检测出该病的病原，带毒杂草不表现症状。

柑橘黄脉病在不同柑橘品种上症状表现和造成的危害情况存在显著差异，柠檬和酸橙受害最为严重。柠檬和酸橙发病后出现叶脉黄化、脉明，叶背呈水浸状，叶片反卷皱缩、脱落等症状，随着病情的进一步发展造成树势衰弱，虽不导致植株死亡，但产量会逐年降低，发病5~6年后几乎没有产量。叶片老熟或高温时节褪绿症状会有所缓解，但叶片皱缩症状不会消退，且对光看"脉明"依然明显。目前尚未发现对柑橘黄脉病具有抗病或耐病的柠檬品种。柑橘黄脉病还会在少数温州蜜柑（如立间）、杂柑（如德威特橘橙）品种上引起小果症状。此外，柑橘黄脉病还会在部分甜橙（如铜水72-1、锦橙）、杂柑（如沃柑、大雅），以及琯溪蜜柚的春梢嫩叶上产生轻微的脉明症状，但一旦叶片老熟，症状就会消失，且不影响产量。

图3　柑橘黄脉病的常见症状

（A 尤力克柠檬病叶，B/C 土耳其Dweet橘橙病叶和病果）

3年生尤力克柠檬病树

图4　尤力克柠檬病株症状

（A 春梢老熟叶片，B 夏梢，C 秋梢，D 冻伤叶片）

表1　部分柑橘品种上黄脉病发生情况

品种	检测率	发生率	品种	检测率	发生率
南丰蜜橘	11/16	68.80%	琯溪蜜柚	14/177	7.90%
红美人	20/29	68.97%	椪柑	2/53	3.80%
尤力克柠檬	239/363	65.80%	梁平柚	1/28	3.60%
蕉柑	17/31	54.80%	塔罗科	5/144	3.50%
洪江橙	16/30	53.30%	沙田柚	1/40	2.50%
砂糖橘	83/239	34.70%	本地早	0/38	0
贡柑	7/25	28.00%	红橘	0/71	0
冰糖橙	21/81	25.90%	茶枝柑	0/15	0
温州蜜柑	36/184	19.60%	卡拉卡拉	0/37	0
纽荷尔	66/391	16.90%	贡水白柚	0/9	0
沃柑	5/49	10.20%	奉晚	0/25	0
莫科特	3/35	8.60%	不知火	0/39	0

2.3 田间发生规律

柑橘黄脉病在田间幼树发病快，感病后整树长势受阻严重，植株矮化，生长缓慢；大树发病较慢，感病后树势逐年减弱，主要表现在叶片逐渐脱落，花少或极易脱落，造成挂果少。大树发病3~4年后减产明显。田间调查的数据显示，在没有采取额外防控措施的柠檬园，柑橘黄脉病的发生率能从第一年的不足3%，达到第二年的20%左右，到第三年柑橘黄脉病的发生率甚至会超过50%。

图5　柑橘黄脉病在田间的扩散、发生情况

2.4 传播途径

柑橘黄脉病的传播途径多样，主要通过带病苗木和接穗等途径人为远距离传播。植株间传播可以通过柑橘粉虱、绣线菊蚜等多种蚜虫，以及带毒嫁接工具和农事操作工具等传播。其中苗木带毒传病是当前柑橘黄脉病暴发最重要的因素。

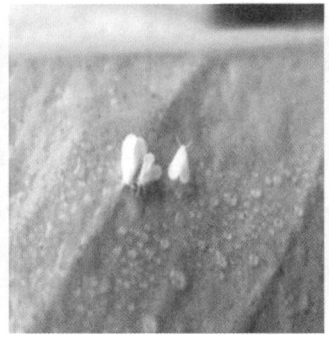

图6　柑橘黄脉病的主要传播途径

2.5 防治方法

由于目前尚未有可有效防治柑橘黄脉病的药剂，因此使用无病毒苗木、规范苗木引种途径，以及加强苗木或接穗的管理是当前柑橘黄脉病防控的首要环节。此外，做好柑橘粉虱等媒介昆虫的防治，以及用1%次氯酸钠溶液对修剪和采摘工具进行消毒也是柑橘黄脉病防控的重要措施。对于柠檬园中出现的零星病株应及时销毁。大面积发病的柠檬果园在有条件的情况下可考虑选择抗耐病品种，逐步替换柠檬。

图7　网室繁育无病苗

图 8　铲除病树操作

三、柑橘衰退病的防控

3.1 柑橘衰退病的历史

由于甜橙砧木对疫霉菌十分敏感，因此从 19 世纪开始，对疫霉病具有较强抵抗力的酸橙逐渐取代甜橙成为柑橘生产中的主要砧木品种。但随后澳大利亚（1860）、南非（1891）、爪哇（1928）、阿根廷（1930）、巴西（1940）等国在使用酸橙砧木时，都出现了类似嫁接"不亲和"引起的大量植株死亡现象。在巴西，人们将这种病害称之为衰退病。最初认为嫁接不亲和、毒素等是造成柑橘衰退病的主要原因。直到 1946 年才首次通过试验证明柑橘衰退病可以通过嫁接和蚜传的方式进行传播，并通过电镜在病株体内发现了线状的病毒颗粒，从而进一步证明柑橘衰退病病毒（Citrus tristeza virus, CTV）是引起柑橘衰退病的主要病原物。

3.2 柑橘衰退病的类型

柑橘衰退病被分为了三种类型：

3.2.1 苗黄型衰退病

主要发生在酸橙、尤力克柠檬、葡萄柚或柚的幼龄实生苗。酸橙和尤力克柠檬染病后的表现为新叶黄化，新梢短，植株矮化。葡萄柚染病后的表现为新叶缺锰状黄化，呈匙形，新梢短，植株矮化。SY症状只有在温室条件下容易被观察到。

3.2.2 速衰型衰退病

引起以酸橙作砧木的甜橙、宽皮柑橘和葡萄柚植株的快速死亡。根据发病的状况分为速衰型和一般衰退型。前者在美国加州常发生在6年生以下柑橘树上，表现为植株突然凋萎，叶片干枯，逐渐脱落，果实不脱落而干缩，有时能局部恢复。后者常发生在大树，新梢停止生长，结果多，果形小，植株逐渐衰退，在不良环境下可以迅速凋萎。速衰型衰退病是以前柑橘衰退病发生的主要形式，目前在美国、塞浦路斯、中美洲等地仍有该病发生的报道。

图9　**速衰型衰退病田间症状**（Subhas Hajeri 提供）

3.2.3 茎陷点型衰退病

该病害与使用的砧木品种无关，在来檬、葡萄柚、八朔柑、大部分柚类品种和某些甜橙品种上发生，病株的木质部表面出现棱形、黄褐色大小不等的陷点，叶片扭曲畸形、枝条极易折断、植株矮化、树势减弱、果实变小。茎陷点型衰退病是我国衰退病为害的主要形式。

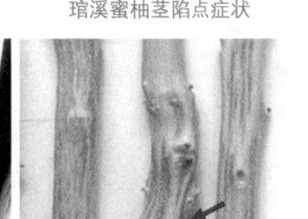

纽荷尔茎陷点症状　　锦橙茎陷点症状　　琯溪蜜柚茎陷点症状

图10　茎陷点型衰退病为害症状

3.3 传播途径

柑橘衰退病主要通过嫁接，以及褐色橘蚜、棉蚜和绣线菊蚜等多种蚜虫进行传播。由于病毒颗粒很长，发生断裂后易失去侵染能力，通过汁液摩擦进行接种的成功率很低。此外柑橘衰退病还可以通过两种菟丝子进行传播。

褐色橘蚜　　　　　棉蚜　　　　　绣线菊蚜

图11　传播衰退病的几种蚜虫

3.4 衰退病的认识误区

错误观点1：叶片发黄、落叶、小果就是衰退病。积水、肥料农药使用不当、天牛、线虫、碎叶病等，都会造成类似症状。如果剥皮后在枝条上没有发现陷点，就不是衰退病。

错误观点2：检测出病毒就一定是有衰退病为害。柑橘衰退病毒在中国田间发生极广。调查显示：大部分的甜橙、橘橙（杂柑）和宽皮橘，以及约20%的柚都感染了病毒，但只有敏感类型/品种感染后才会逐渐发展成柑橘衰退病。

科特派网课赋能产业振兴之　柑　橘　精　品　课

图 12

错误观点 3：基因检测可准确鉴定衰退病毒的强弱。目前通过基因检测来区分衰退病毒强弱毒株的准确性不高，怀疑自己的苗子得了衰退病，最简单的方法就是剥皮观察茎陷点。

3.5 防治方法

对于柑橘衰退病这类可以同时通过人为传播（人工嫁接）和自然传播（蚜虫传毒）的病毒性病害，单一运用无病毒苗木无法有效防治柑橘衰退病，而且田间蚜虫的发生世代多，传毒率高，因此从防虫的角度考虑防病也是不现实的。

目前在衰退病的防治中通常采用下列 4 种不同的防治策略：

1.通过建立和加强检疫与苗木登记注册制度防止外来 CTV 强毒株的入侵。

2.在以酸橙为主要砧木、衰退病发病率极低，且没有褐色橘蚜分布的地区，采取将病株及时铲除的策略。

3.采用枳、枳橙等抗病或耐病品种代替酸橙作砧木防治速衰型柑橘衰退病。

4.在衰退病强毒株流行的地区，对 CTV 敏感的栽培品种，唯一有效的防治方法是弱毒株交叉保护，即先通过热处理—茎尖嫁接脱除 CTV，然后在栽入田间之前预先接种有保护作用的弱毒株加以保护。

目前巴西的重要甜橙佩拉甜橙，美国、澳大利亚和南非的葡萄柚，日本的八朔柑等都是通过弱毒株交叉保护技术来维持其生产。

165

作者简介

　　周彦，西南大学柑桔研究所（中国农业科学院柑桔研究所）研究员，国家柑桔工程技术研究中心、教育部创新团队（柑橘主要病虫害持续控制基础研究）、高等学校学科创新引智计划骨干成员。长期致力于柑橘病毒病和检疫性病害的鉴定、防治，以及病原-寄主互作机制研究。先后主持国家重点研发计划子课题、农业部行业公益项目课题、重庆市自然基金重点项目等国家级与省部级项目30余项。开展了新发、突发柑橘病毒病的病原鉴定，及其遗传演化研究；系统监测中国柑橘病毒病发生情况；筛选、构建弱毒株用于交叉保护技术防治柑橘茎陷点型衰退病；首次明确了柑橘黄脉病的传播途径和传播媒介，建立、推广了柑橘黄脉病防治技术体系；解析柑橘应答病毒入侵和系统扩散的关键基因及其调控因子。国内外期刊上发表论文50余篇。获重庆市科技进步一等奖2项，中华农业科技奖三等奖1项。国家发明专利授权5项。出版专著1部，参编4部。

　　专业特长：柑橘病毒病鉴定、防控。

柑橘大实蝇绿色防控技术

重庆三峡农业科学院　任杰群

编者按

　　重庆是全国柑橘的主产区和优产区，柑橘产业位居重庆七大特色产业之首，柑橘栽种面积达387万亩，效益超过300亿元。柑橘大实蝇是迁飞检疫性害虫，发生扩散速度快且为害程度重，截至2021年，重庆市发生虫害面积78.14万亩，涉及涪陵、武隆、万州等25个区县。因此，本文通过介绍柑橘大实蝇绿色防控技术，从而为柑橘产业中大实蝇的防控提供参考和借鉴。

　　本文作者任杰群，为重庆三峡农业科学院高级农艺师，长期致力于柑橘、果桑等农作物病虫害防控技术研究及推广工作。她的网课《柑橘大实蝇绿色防控技术》从柑橘大实蝇发生分布、危害规律、绿色防控技术等方面介绍了柑橘大实蝇防控技术，有助于广大业主了解柑橘大实蝇的危害，掌握相关防控关键技术。

一、柑橘大实蝇的发生与分布

柑橘大实蝇 Bactrocera（Tetradacus）minax（Enderlein），又名橘大食蝇、柑橘大果蝇，属双翅目 Diptera 实蝇科 Tephritidae 果实蝇属 Bactrocera，俗称柑蛆。被害果称蛆果、蛆柑。

柑橘大实蝇目前是重庆市补充农业植物检疫性有害生物，主要以幼虫蛀果为害，严重的可造成血橙、甜橙等柑橘减产80%以上，是柑橘产业的一种毁灭性害虫。

1.1 柑橘大实蝇分布

原产于日本九州，国外主要分布于不丹、印度（西孟加拉）、日本、越南。国内分布于四川、重庆、贵州、云南、湖南、湖北广西、陕西、中国台湾等省（区）市。

1.2 柑橘大实蝇识别特征

卵：乳白色，长椭圆形，表面平整光滑，长约1.5～1.6 mm。其一端稍尖，而另一端较钝；卵的端部较为透明，中部略弯曲。

幼虫：幼虫共有3龄，体节为11节，蛆形。1龄体长一般在5 mm以下，体纤细，乳白色，前气门、后气门均不明显；2龄体长一般5～14 mm，乳黄色，口钩黑色，前气门、后气门可见；3龄体长一般13～18 mm，体较粗壮，米黄色，口钩发达，黑色，后气门显著骨化。

蛹：围蛹，黄褐色，椭圆形；羽化前呈黑褐色，长8.0～10.0 mm。

成虫：体长9～14 mm，翅展约21 mm，初羽化成虫体色金黄色，后转为黄褐色。复眼金绿色。胸部背面具6对鬃，中央有深褐色的"人"字形斑纹，两旁各有一条宽直斑纹。中胸背面中央有一条黑色纵纹，从基部直达腹端，腹部第3节近前缘有一条较宽的黑色横纹，纵横纹相交成"十"字形。雌虫产卵管为圆锥形，产卵管与腹部等长，长约6.5 mm，由3节组成。

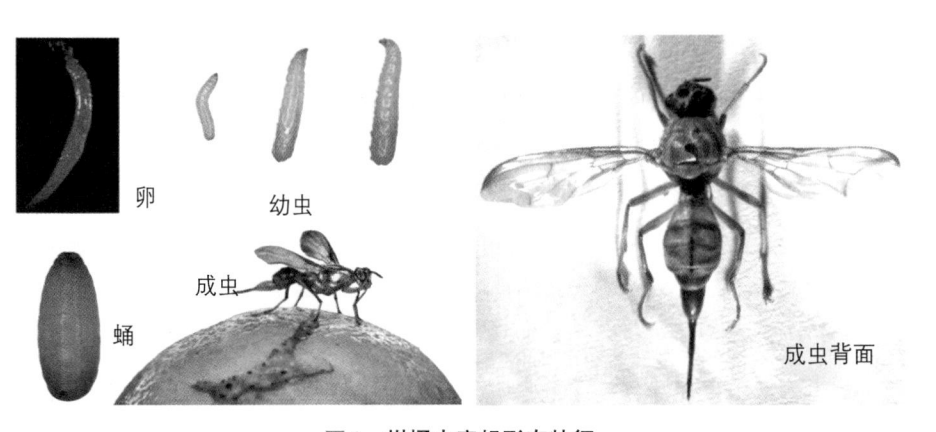

卵　　　幼虫

成虫

蛹

成虫背面

图1　柑橘大实蝇形态特征

1.3 与柑橘大实蝇近似实蝇的形态特征

图2　重庆地区主要的几种实蝇

（A南亚果实蝇，B黑颜果实蝇，C宽带果实蝇，D柑橘大实蝇，E橘小实蝇，F瓜实蝇）

169

1.3.1 南亚果实蝇

头部黄色或黄褐色。中颜板具1对黑色斑点，中胸盾片黄褐色或淡棕黄色，缝后具3个黄色宽纵条，侧条终止于内后翅上鬃之后；黑色的斑纹包括：介于缝后黄色中、侧条之间的大片区域、肩呷后至横缝间的两大斑、盾片中央自前缘至黄色中纵条前端的一狭纵纹。小盾片黄色，基部有一黑色狭横带。肩肿、背侧呷、缝前1对小斑均为黄色。头、胸部鬃序正常，其中上侧额鬃：对，下侧额鬃3对，小盾鬃2对。翅斑褐色，前缘带于翅端扩延成一椭圆形斑：臀条宽阔，伸达后缘，A＋CuA2脉段周围密被微刺。足黄色，中、后胫节为红褐色或褐色。腹部黄色或黄褐色，第2、3背板的前部各有一黑色横带；第4、5背板的前侧部一般亦有黑色短带；腹背中央的一黑色纵条自第3背板的前缘直达第5背板的后缘，雄虫第3背板具栉毛，第5腹板的后缘中间略向内凹；雌虫产卵管基节的长度接近第4与第5板的长度之和，针突长约2.1 mm，末端尖锐，具亚端刚毛长、短各2对。体、翅长5.7～10.5 mm。

1.3.2 黑颜果实蝇

雄虫颜部黑色或有1/3～1/2处为黑色；翅前缘带窄并延伸至R2+3，在端部适当变宽，雄虫臀脉宽延伸至翅前端；中胸背板具有3条黄色纵带；小盾片黄色，在端部有1个黑色小圆斑或不存在；前足腿节全部为黑色，中足腿节除了基部1/3为黄色其余为黑色，后足腿节基部1/2为黄色其余为黑色；腹部主要为黑色，第一背板在前缘有一窄的黄色带，第二背板在前缘有一黄色至红褐色的宽的条带，第五背板通常除了中间有一黑而小的witta外其余是红褐色，在两侧有2个深褐色圆斑，产卵管褐色至深褐色，与第四至第五背板的长度等长。

1.3.3 宽带果实蝇

颜部具有2个黑色圆斑；中胸背板黑色，有3条黄色纵带；小盾片在端部有一黑色圆斑；翅前缘带褐色，延伸至R2+3脉，在端部轻微变宽，臀脉宽延伸至翅前端；腿节黄色，在末端深褐色至黑色；腹部黄褐色至红褐色，第一背板在前缘和两侧为黑色，第二至第四背板前缘均有一条黑而宽的条带，第五背板前缘两侧有一对黑而短的条带，第三至第五背板中央有一黑色纵带，有时断开；产卵管扁平，比第四至第五背板长度稍短，针突末端尖锐。

1.3.4 橘小实蝇

头部：中颜板有1对黑色圆形斑。中胸背板：大部黑色，背面两侧各有1条黄色纵条，肩胛、背侧胛全黄色。小盾片黄色，基部有一黑色狭横带。腹部：第二背板前缘有一黑色狭横条，第三背板前缘有一黑色宽横带，背面具一黑色中纵带，从第三背板的前缘直达腹部末端，组成"T"字形纹。雌虫产卵管3节，短，基部一节略短于第五节背板，末端尖锐。

1.3.5 瓜实蝇

头部中颜板黄色，具1对黑色椭圆斑点。胸部：中胸盾片黄褐色至红褐色缝后具3个黄色纵条，居中的1条较短。小盾片黄色，基部有1红褐色至暗褐色狭横带。肩胛、背侧胛、横缝前每侧1小斑、中侧板后部的1/3、腹侧板上部的一半圆形斑及侧背板均为黄色。小盾鬃一般仅1对，偶见2对。足黄色或黄褐色。翅斑深棕黄色至褐色，臀角有一斜向上的三角形斑，前缘带于翅端部扩延成一个相当大的斑点。腹部：黄褐色，第二背板的前中部有一褐色狭短带；第三背板的前部有一褐色长横带；第四、五背板的前侧部具褐色斑纹；第三至第五背板的中央具一黑色纵条。雌虫产卵管基节黄褐色至红褐色，其长度略超过第五背板；针突长约1.7 mm，其末端尖锐，具亚端刚毛4对。体、翅长4.2～7.1 mm。

1.4 重庆市柑橘大实蝇发生与分布情况

柑橘大实蝇是迁飞检疫性害虫，发生扩散速度快且为害程度重，以万州区为例，2004年首次在万州地宝乡发现柑橘大实蝇，发生面积仅600亩；截至2021年底，万州区柑橘大实蝇发生面积16.3万亩。

重庆柑橘栽种面积达387万亩，效益超过300亿元。渝东北地区的万开云柑橘种植面积103万亩，产量88万吨，产值49.5亿元。截至2021年底，全市柑橘大实蝇发生面积78.14万亩，涉及涪陵、武隆、江津、长寿、云阳、南川、黔江、綦江、北碚、渝北、巴南、奉节、巫山、万州等25个区县。

二、柑橘大实蝇为害规律

2.1 柑橘大实蝇监测

2015—2017年，我们在万州植保测报站、白羊镇石龙社区、双石社区开展了柑橘大实蝇仿生饲养，柑橘大实蝇仿生饲养羽化调查结果见表1。

表1　柑橘大实蝇仿生饲养羽化调查表

测报站饲养点 海拔210 m				白羊镇石龙饲养点 海拔330 m				白羊镇双石饲养点 海拔650 m			
饲养盆数	羽化初见	羽化高峰期	羽化结束	饲养盆数	羽化初见	羽化高峰期	羽化结束	饲养盆数	羽化初见	羽化高峰期	羽化结束
12	4月15日	4月20—26日	5月6日	5	5月2日	5月2—10日	5月12日	5	5月6日	5月10—14日	5月16日

在海拔210 m的测报站点柑橘大实蝇于4月15日开始羽化，羽化高峰期为4月20至26日，共7天，5月6日羽化结束；在海拔650 m的双石点柑橘大实蝇于5月6日开始羽化，羽化高峰期为5月10至14日，共5天，5月16日羽化结束。仿生试验中开始羽化至羽化结束历时11～21天，羽化高峰期5～10天。仿生观察饲养的羽化初见期和羽化高峰期明显早于田间监测诱集到成虫，时间提早20～30天。

开展柑橘大实蝇田间监测，发现重庆柑橘大实蝇田间初见成虫是在4月下旬，羽化高峰期为5月上、中旬，产卵高峰期为6—7月，10月中旬至11月下旬化蛹、越冬。

2.2 柑橘大实蝇发生规律

柑橘大实蝇一年发生1代，以蛹在土壤中越冬。在重庆越冬蛹于翌年4月底开始羽化出土，5月上、中旬为羽化盛期，成虫羽化后20天开始进行交尾，交尾后15天左右就开始产卵，一只成虫产卵2～13粒，最多可产40～65粒。6月中旬至7月中旬是产卵盛期，7月中下旬开始孵化成幼虫，幼虫在果内取食生长，导致果实未熟先黄，在9月开始脱落，10月中下旬为落果盛期，幼虫随着落果到了地面，老熟后钻出果后入土化蛹。

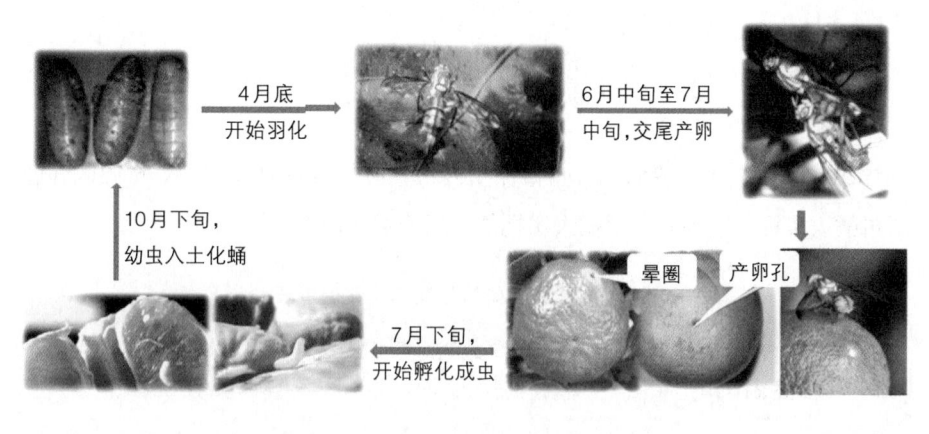

图3　柑橘大实蝇发生规律

2.3 柑橘大实蝇主要为害症状

成虫产卵于柑橘幼果中，幼虫孵化后在果实内部取食瓤瓣，常使果实未熟先黄，黄中带红，使被害果提前脱落。

图4　柑橘大实蝇主要为害症状

2.4 柑橘大实蝇主要危害品种

柑橘大实蝇幼虫属于寡食性，仅危害柑橘类果实。在塔罗科血橙、脐橙、柠檬、柚子上发生危害较重，对椪柑、W.默科特、红橘等的危害相对较轻。

图5　柑橘大实蝇主要为害症状

（左图：塔罗科血橙，中图：脐橙，右图：柠檬）

2.5 影响柑橘大实蝇发生的主要因素

2.5.1 温度是影响成虫羽化最主要的因子

在15～25℃自然条件下，随着温度的升高，柑橘大实蝇蛹的羽化出土率和成虫存活率相应升高，成虫始见日提前，蛹的羽化历期缩短。

羽化最适温度为22℃，超过24℃以上羽化数随即下降。温度过高或过低都会引起蛹的死亡，主要是因为温度过低超过了的最低适应温度而死亡；高温则未能解除蛹的滞育。

2.5.2 土壤含水量主要影响成虫的羽化出土率和存活率

羽化最适土壤含水量为15%～20%。土壤含水量超过20%，随着土壤含水量的增加，柑橘大实蝇成虫的羽化出土率和存活率相应降低，其主要原因是土壤高含水量，尤其是配合高温，提高了蛹的霉变和腐烂率。

2.5.3 埋蛹深度对成虫羽化出土率和存活率有一定影响

在 3 ~ 13 cm 的土壤深度内，随着埋蛹深度的增加，成虫羽化出土率和成虫存活率相应有所提高；一般在黏性土内幼虫化蛹率和蛹的羽化出土率较低，而在沙性土壤中较高。

2.5.4 初始虫量

一般头年落地虫果多，次年成虫数量大，大实蝇发生为害较重；相反，头年落地虫果少，或认真处理落果，一般次年成虫数量小，大实蝇发生为害较轻。

2.5.5 果园管理水平

管理水平低、病虫防治水平低的果园，大实蝇为害普遍发生严重。株受害率一般在 70% ~ 100%，蛆果率一般在 20% 左右，最高的达到 50% 以上。成片集中、管理精细的果园较少发生这种情况，或受害极轻，蛆果率一般在 5% 以下。

三、柑橘大实蝇绿色防控技术

3.1 加强检疫监管，降低远距离传播风险

柑橘大实蝇主要以卵、幼虫随果实、种子进行远距离传播，越冬蛹也可随带土苗木及包装物传播。严禁从疫情发生区调入带虫柑橘果实或带土苗木，一旦发现，要及时销毁。

3.2 监测成虫，及时确定防治时期

采用挂瓶法或诱捕器等方法监测成虫回园始期，准确确定防治时期。

实蝇监测挂壤现场
时间：2021.06.21 11：36
天气：阴24℃
地点：重庆市万州区瀼渡镇，丰收路
海拔：190.5 m
经纬度：30.593624° N，
108.298686° E

图6　万州区柑橘大实蝇监测

2021年，市植保站在全市23个重点区县设立785个柑橘大实蝇监测点，其中水解蛋白诱饵475个，糖酒醋310个。监测各区县柑橘大实蝇发生情况，适时发布大实蝇防控情报信息，指导大面积绿色防控。

3.3 诱杀成虫，有效控制蛆果率

诱杀集成技术能有效杀灭柑橘大实蝇成虫，减少虫口基数，降低当年蛆果率，是防治柑橘大实蝇为害的关键技术。

图7　柑橘大实蝇成虫诱杀
（A/B食物诱杀，C挂罐诱杀，D悬挂诱捕器诱杀）

根据成虫监测情况，从橘园成虫羽化盛期（一般在5月下旬至6月中旬）或柑橘大实蝇成虫明显增加时开始，喷药诱杀成虫、挂罐诱集成虫或挂诱捕器诱杀成虫。

3.3.1 食物诱杀

生产上主要使用浓度为0.1%的阿维菌素浓饵剂诱杀成虫，分三步：

第一步药剂配制：每亩次用药1袋，一份原药兑2份水，稀释完后，应充分搅拌混合均匀，二次稀释效果更佳。

第二步找点喷药（点状喷施）：选择果树背阴面、顺风、果多处的中下层叶片点状喷晒；每亩果园喷10个点，每点喷施面积约0.5 ㎡，每个点喷药量约为50 g。

第三步药剂喷洒：药液应均匀附着在叶片上，以叶片上挂有药剂但不流淌为宜。柑橘大实蝇羽化始盛期开始，每7天用药一次，连续用药5次（抢晴施药）。

喷药器械可选择手持小型喷雾器或背负式喷雾器；喷药时间宜选择柑橘大实蝇活动较为活跃的早晨和傍晚。

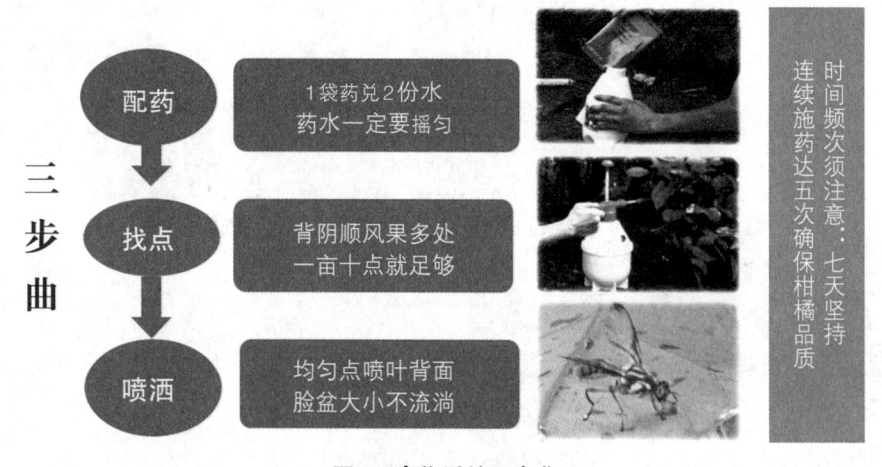

三步曲

配药 —— 1袋药兑2份水 药水一定要摇匀

找点 —— 背阴顺风果多处 一亩十点就足够

喷洒 —— 均匀点喷叶背面 脸盆大小不流淌

时间频次须注意：七天坚持 连续施药达五次确保柑橘品质

图8　食物诱杀三步曲

3.3.2 挂罐诱杀

主要选择0.1%浓度为阿维菌素浓饵剂、自制糖酒醋药液挂罐诱杀。

自制糖酒醋药液：一般采用的是红糖、白酒、醋、90%敌敌畏和水，按5∶1∶0.5∶0.2∶100的比例配制诱杀液，也可再加3%的水解蛋白。

每亩果园挂罐10～15个，每罐装诱杀液100～150 mL，诱杀罐可用废弃的大饮料瓶等制作。

3.3.3. 悬挂诱捕器诱杀

目前田间黏虫板诱杀效果不行，市面上主要还是采用绿色球型诱捕球诱杀。

使用时间：在5—7月柑橘大实蝇成虫期使用球型诱捕球。

使用数量：每2~3棵树悬挂一球，每亩地悬挂10个球型诱捕器，每15天追加一次，连续追加2次。

使用方法：悬挂于距柑橘树1/3~1/2处树冠下阴凉处，避免太阳直射。

3.4 套袋阻隔，降低幼虫蛆果率

在柚子种植区域采取套袋防控，当柚果坐定后、幼果膨大直径达5~8 cm时，选用规格(27~32 cm)×(36~38 cm)的袋子套袋，套袋阻隔产卵，达到使大实蝇不能产卵繁殖的目的。套袋时间在6月上、中旬套袋，套袋前施一次杀螨（菌）剂，不但有效地防控了大实蝇的危害，对柚子的商品性和品质都有很大提高，经济效益显著。

在普子乡琯溪蜜柚、地宝乡沙田柚等柚子基地开展柚子套袋试验，调查蛆果率，结果表明：套袋处理区蛆果率明显低于未套袋区，柚子套袋效果显著。

蜜柚套袋　　沙田柚套袋后　　蛆果率调查

图9　柚子套袋处理

表2　绿色防控柚子套袋效果调查表

品种	处理：　未　套　袋					处理：　套　袋				
	挂果总数	落果总数	其中：虫果数	商品果蛆果数	蛆果率(%)	挂果总数	落果总数	其中：虫果数	商品果蛆果数	蛆果率(%)
梁平柚	39	14	3	1	10.26	20	10	—		
梁平柚	35	15	8	1	25.7	20	10	—		
沙田柚	26	14	9	4	50	74	13	—	1	1.35
合计	100	43	20	6	26	114	33	—	1	0.88

3.5 摘除蛆果，有效控制成虫基数

摘除青果、蛆果和处理落地果是控制翌年成虫基数的重要手段，也是防治柑橘大实蝇的关键环节之一，要与成虫诱杀技术配合，方可达到防控的预期效果。

3.5.1 处理未熟先黄果和落地果

（1）在7—8月摘除有产卵痕的青果

柑橘大实蝇着卵果判定依据：柑橘大实蝇产卵后7~10天，果实表面会出现黄色胶状伤愈液（见下图10-1），胶状物脱落后呈现略为凸起的点状黄色木质化疤痕（见下图10-2）。用刀片横削果皮，可见黄绿色水晶状圆斑（见下图10-3），纵切则呈现黄绿色条状产卵道斑痕（见下图10-4）。出现上述症状的果实即可定为柑橘大实蝇着卵果。

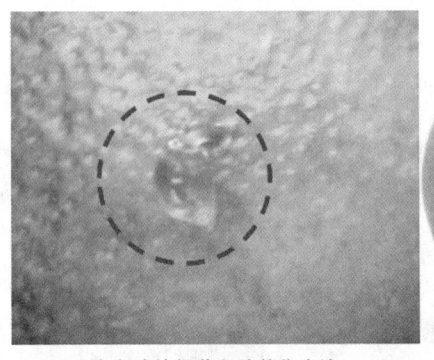

1 产卵孔外部黄色胶状伤愈液　　　　　　2 产卵孔黄色凸起

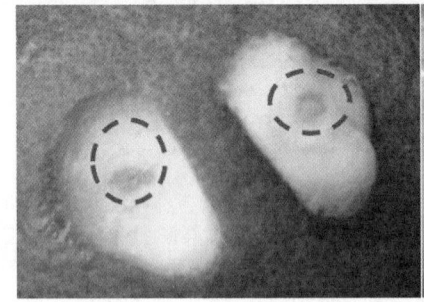
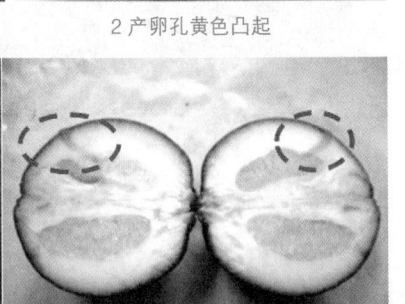

3 产卵孔的黄绿色伤痕（横切）　　　　4 产卵孔的黄绿色伤痕（纵切）

图10　**柑橘大实蝇着卵果**

（2）从9月中下旬开始，摘除未熟先黄、黄中带红的果子，并彻底捡拾落地果。

（3）加56%磷化铝片剂用大型塑料袋密闭，时间为2~3个月，杀死果内幼

虫，并注意塑料袋个贴上警示标志。

图11　采摘捡拾蛆果

（4）蛆果处置方法：挖坑撒石灰深埋处理蛆果、袋装深埋处理蛆果、装袋加药处理蛆果、高温处置蛆果等方法。

图12　蛆果处置

3.5.2 冬季翻耕，消灭冬蛹

在冬末初春结合施肥，进行园地浅耕，增加蛹的机械伤亡或因变换其越冬位置而不适生存；可消灭地表 15 cm 内耕作层的部分越冬蛹，降低成虫羽化出土率。

图13　冬季翻耕（左）、地面封杀（右）

179

3.6 合理应用辅助措施

3.6.1 地面封杀

对往年发生虫害较重的果园，在成虫羽化始盛期前进行地面封杀。在越冬代成虫羽化盛期（一般在5月上、中旬），在落果量较大的柑橘树冠内的地面上用55%氯氰·毒死蜱乳油或48%毒死蜱乳油1000倍液地面喷雾。

3.6.2 除果断代

对受害严重而又零星分布、疏于管理甚至荒废的果园或果树，可采取高接换种或7—8月摘除全部青果的措施。

四、柑橘大实蝇绿色防控示范

以新田镇义和村3组塔罗科血橙为例：在绿色防控技术实施前，蛆果率达94%。绿色防控技术实施一年后蛆果率降到6.8%。图为防控区域与为防控区域效果对比。绿色防控技术连续实施多年后蛆果率控制在3%以下。

图14　绿色防控示范

（A 绿色防控示范区，B 未防控区，C 连续防控多年区）

根据柑橘大实蝇的生活习性、发生为害规律，及近年来防控效果情况，可归纳为以下三点：

1. 柑橘大实蝇是迁飞检疫性害虫，发生扩散速度快且为害程度重但可防可控。

2. 柑橘大实蝇以成虫产卵于柑橘幼果中，幼虫孵化后在果实内部取食瓤瓣造成危害，成虫期果树表现不出任何危害状，防治策略上应以预防为主，防治方法上以在成虫产卵前诱毒杀成虫为主，结合蛆果处理降低次年虫口基数。

3. 柑橘大实蝇是舐吸式口器，迁飞能力强，在毒杀成虫的药剂选择上，应以同时具备喂毒、熏蒸、触杀作用的化学农药为主。

作者简介

任杰群，重庆三峡农业科学院，高级农艺师。长期致力于柑橘、果桑等农作物病虫害防控技术研究及推广。先后主持或参与市级项目10余项、区级科技项目5项、其他项目5项；申请发明专利4项，获得授权发明专利3项；国内外期刊上发表论文20余篇，其中第一作者或通讯作者15篇。

专业特长：农业病虫害防控及果桑栽培技术研究和推广。

柑橘病虫害绿色防控技术

西南大学/国家柑桔工程技术研究中心　冉　春

编者按

　　柑橘为常绿果树，病虫种类多、为害重，是影响柑橘安全生产的重要因素。当前，我国已全面建成小康社会，老百姓在吃得饱、吃得好的基础上，更希望吃得健康，为此，减施甚至不施化学农药的绿色防控技术越来越受关注。

　　本文作者冉春博士，是西南大学柑桔研究所（中国农业科学院柑桔研究所）研究员、博士生导师，综合防治研究中心主任、农业部田间药效试验杀虫剂技术负责人，自1997年参加工作以来，一直从事柑橘重要害虫（螨）成灾机制及防控技术研究。他的网课《柑橘病虫害绿色防控技术》从植物检疫、生态控制、生物防治、物理防治和科学用药等方面系统讲述了柑橘重要病虫害绿色防控技术，可为柑橘病虫害高效、安全防控提供技术指引。

一、病虫害绿色防控的概念及实施途径

按照《农业农村部办公厅关于推进农作物病虫害绿色防控的意见》，病虫害绿色防控是指采取生态调控、生物防治、物理防治和科学用药等环境友好型措施控制农作物病虫危害的植物保护措施。推进绿色防控是贯彻"预防为主，综合防治"植保方针，实施绿色植保战略的重要举措。推进病虫害绿色防控的主要意义是持续控制病虫灾害，保障农业生产安全；促进标准化生产，提升农产品质量安全水平；降低农药使用风险和成本，保护生态环境。柑橘病虫害绿色防控的途径有植物检疫、生态控制、生物防治、物理防治、科学用药。

二、病虫害绿色防控的主要技术

2.1 植物检疫

植物检疫是通过法律、行政和技术的手段，防止危险性植物病、虫、杂草和其他有害生物的人为传播，保障农林业的安全，国外又称法规防治。我国柑橘检疫性有害生物在1995年有5种，分别是柑橘黄龙病、柑橘溃疡病、柑橘大实蝇、柑橘小实蝇、蜜柑大实蝇，而在2009年只有柑橘黄龙病、柑橘溃疡病、蜜柑大实蝇3种，到2020年仅有柑橘黄龙病和蜜柑大实蝇2种。重庆作为我国唯一的柑橘非疫区，柑橘检疫性有害生物仍然是柑橘黄龙病、柑橘溃疡病、柑橘大实蝇、柑橘小实蝇、蜜柑大实蝇5种。随着柑橘产业快速发展，检疫性有害生物在我国柑橘产区发生频率越来越高、发生面积越来越大，形势日趋严峻。为有效控制检疫性有害生物在重庆发生和传播，必须加强对执法人员、技术管理人员和从业人员进行相应法规和技术培训；执法部门须严格执法，对发现的疫情应立即扑灭；种植者不到疫区和不正规苗圃购买苗木。

2.2 柑橘病虫害生态控制技术

生态调控是推广抗病品种、培育无病种苗，结合果园生草覆盖、果园套种、修剪等生物多样性调控与自然天敌保护利用等技术，改造病虫害发生源头及滋

生环境，人为增强自然控害能力和作物抗病虫能力。

生态控制技术，生产中通常可以选择以下6种方法：

（1）果园行间种植三叶草或豆科植物等，吸引更多病虫天敌到果园，可大大减轻红蜘蛛、蓟马等重要害虫的危害。

（2）选择抗性品种和砧木：发展新品种时除了关心品种的品质外，还应考虑品种的抗病性，尽量不要选择感病品种，比如：爱媛38容易感褐斑病，沃柑对溃疡病极其敏感。

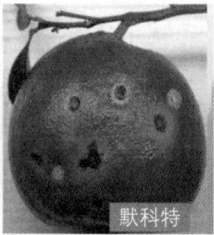

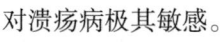

图1　爱媛38、默科特等品种易感褐斑病，沃柑对溃疡病极其敏感

（3）培育无病种苗：育苗接穗，需采自脱毒后的采穗母本树或经检测无毒的植株。育苗环境和程序须有效防止疫病感染入侵。

（4）树干刷白：树干刷白对树干害虫具有物理阻隔，同时还具有防冻的作用，因而可在一定程度上减轻天牛和树脂病等危害。

图2　树干刷白

（5）科学修剪：可减少病虫发生基数，对溃疡病、蚧壳虫等发生严重的果园需要重剪；此外，修剪还能改善树体通风透光性，减少病虫害滋生条件。

（6）捡拾落果和清除枯枝落叶：也可以减少病虫发生基数，捡拾落果还是目前防治柑橘大实蝇最为有效的措施。

2.3 柑橘病虫害生物防治技术

生物防治是利用柑橘园中的有益生物来控制病虫危害。由于柑橘是多年生常绿果树，果园生态系统较稳定，有害生物和有益生物的种类均比较多，容易形成良性生态系统，因此，应充分利用有益生物。

柑橘果园常见的有益生物有：

（1）捕食性天敌：捕食螨、瓢虫、日本方头甲、草蛉、六点蓟马等。

（2）寄生性天敌：有多种寄生蜂，此外，还有许多寄生菌。

柑橘上推广最为成功的生防技术，是应用捕食螨防治柑橘害螨。

我国推广的捕食螨品种主要是巴氏新小绥螨和黄瓜新小绥螨两种。黄瓜新小绥螨是从国外引进，难以适应中国的生态环境，因此橘园中很难建立稳定的种群；黄瓜新小绥螨本身不捕食柑橘红蜘蛛，防治橘园害螨风险很大。而巴氏新小绥螨是我国土著捕食螨，适应能力强，适合我国橘园释放；同时也是柑橘红、黄蜘蛛的优势天敌，因此，对柑橘害螨控制效果明显而且稳定。

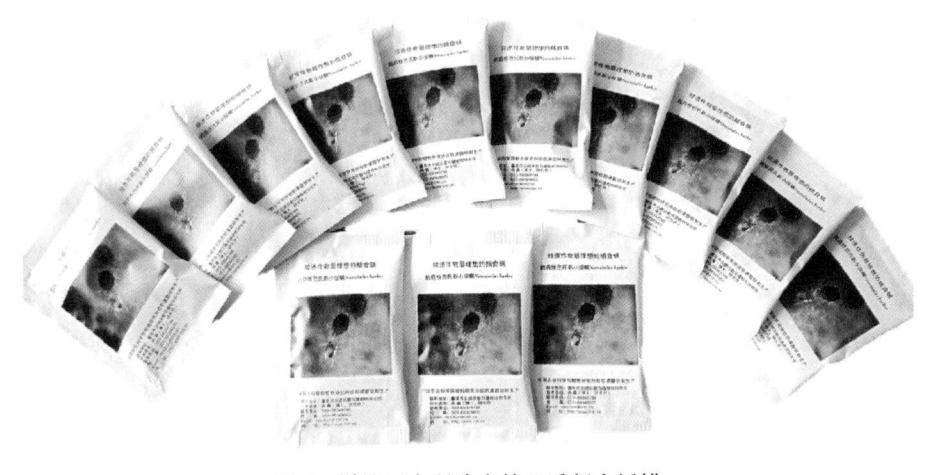

图3　柑桔研究所选育的巴氏新小绥螨

捕食螨对许多药剂敏感，这是影响捕食螨释放效果的最大影响因素。通过测定橘园常用药剂对捕食螨的毒性发现，所测试的药剂对捕食螨均有不同程度的毒害作用；毒死蜱、高效氯氟氰菊酯、双甲脒对巴氏新小绥螨毒性最强；因此，释放捕食螨后应避免施用对其毒性较高的农药；同时可以针对高毒药剂选育抗药性捕食螨。西南大学（中国农业科学院）柑桔研究所在国家和市级项目资助下，经室内连续多年持续筛选，率先选育出对甲氰菊酯和毒死蜱抗性分别达500倍以上的抗药性捕食，同时实现了产业化生产。

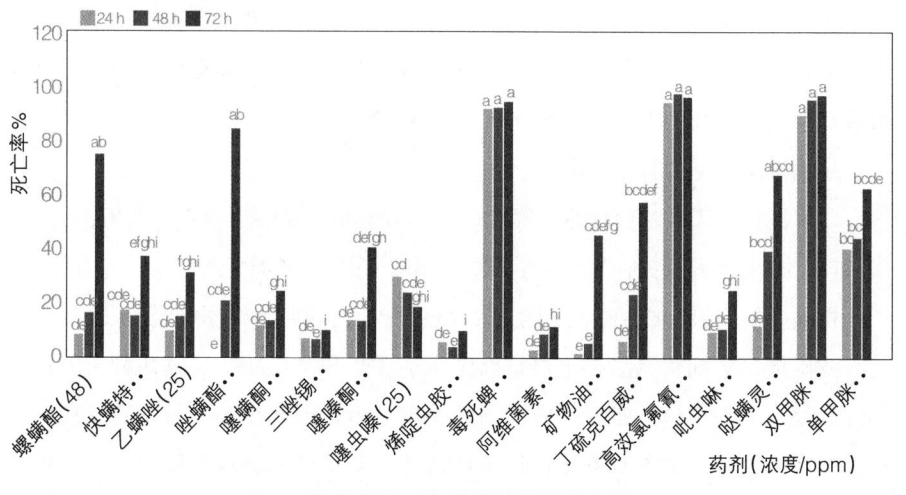

图4　化学农药对传统捕食螨的毒害作用

捕食螨田间释放方法主要有挂袋法和撒施法。挂袋法的优点是卵可以在袋子里孵化，若螨可以爬出来；缺点是袋子里面有食物，捕食螨从袋子里面出来的时间长，导致速效性较差。撒施法的优点是捕食螨直接接触害螨，速效性较好；缺点是捕食螨卵和大部分若螨掉在地上死亡，影响捕食螨持效性。综合比较，挂袋法效果更优而且稳定，是目前主要的释放方法。一般成年树每株挂1袋捕食螨（不同螨态3000头左右）即可；树冠较大的柚子及挂有鲜果的果树可适当增加使用数量。重庆通常在3月中下旬，柑橘红蜘蛛螨口密度（1～3头/叶）较低时释放巴氏新小绥螨，整个生长季节柑橘红蜘蛛螨口密度将维持在2头/叶以下，红蜘蛛可以得到较好控制。捕食螨释放后注意果园留草，保证夏天柑橘树上害螨极少或没有害螨时，捕食螨可从树上爬到草丛取食花粉以维持种群。此外，捕食螨释放后还需科学使用化学药剂，选择性使用对捕食螨毒性较低的新烟碱类、昆虫生长调节剂、矿物油、螺虫乙酯和氟啶虫胺腈等化学药剂，不要使用有机磷类、双甲脒、丁硫克百威、阿维菌素等药剂。

捕食螨产品应用场景

捕食螨捕食红蜘蛛

图5　**捕食螨应用场景**

2.4 柑橘病虫害物理防治技术

物理防治是利用各种物理或机械作用来控制病虫害。重点推广诱蝇球、性引诱剂、杀虫灯、诱虫板等防治实蝇、吸果夜蛾、木虱、粉虱等害虫的理化诱控技术。柑橘病虫害主推的物理防治技术主要有三种。（1）频振式杀虫灯。频振式杀虫灯可诱杀潜叶蛾、吸果夜蛾、金龟子、天牛等以鳞翅目害虫为主的果树害虫。使用方法：每30～50亩一盏灯，离地面高度1.5～1.8 m。（2）粘虫板。粘虫板可诱杀蚜虫（有翅蚜）、柑橘粉虱等对黄色敏感的害虫。添加食蝇的性诱剂后可以诱杀食蝇。粘虫板的缺点是作用时间不长，为弥补缺点，可以对旧黏虫板加胶，做到多次反复使用。使用方法：将诱虫板挂在行间，高度最好与柑橘同高。（3）实蝇诱捕球，实蝇诱捕球又叫诱蝇球，诱蝇球能够有效诱杀柑橘大、小实蝇，诱杀柑橘大实蝇悬挂时间为5月中、下旬成虫羽化盛期，悬挂位置在柑橘树中上部荫凉通风处，平均每2棵柑橘树挂一个。

187

2.5 柑橘病虫害科学用药技术

科学用药需要注意以下几个方面，首先应选用高效、低毒、低残留、环境友好型农药；同时，选准施药时间和施用方法；加强农药抗药性监测；推广农药轮换、交替使用、精准和安全使用等配套技术。需要重点强调的是：（1）施用化学农药严格遵守农药安全使用间隔期。每种药剂的安全间隔期的时间不一，采收前用药及用药后采收果实要高度重视，每种药剂的安全使用间隔期可以在中国农药信息网中查询。（2）农药科学混用。农药混用目前存在不少争议，但在生产上仍是极其普遍的现象，农药科学混用可提高药效、增加防治谱，但容易产生药害的农药不能随便和其他药剂混用，石硫合剂、波尔多液等碱性农药不能和其他药剂混用；很多铜制剂也是弱碱性的，一般也不要混用。（3）正确选择施药器械。目前柑橘园常用的施药器械有管道施药、静电施药、机械施药、无人机施药等，每个果园应根据自己的实际情况选择相应的施药器械。下面介绍几种重要病虫害科学用药技术。

首先介绍溃疡病科学用药技术。在各次新梢长2～3cm和叶片转绿期，各喷2～3次药剂保护新梢和叶片；谢花后10天开始喷药，以后每隔10天左右再喷一次，连喷2～3次。防治药剂有：铜制剂、铜制剂复配、生物农药、抗生素和其他有机杀菌剂，效果稳定、生产使用量最多的是铜制剂。

第二是砂皮病的防治。在嫩芽长2mm之前和谢花2/3时各喷2～3次杀菌，防治药剂有克菌丹、代森锰锌、吡唑醚菌酯、氟啶胺、氟硅唑、喹啉铜、咪鲜胺等，其中，克菌丹、代森锰锌防治效果较为理想。

第三是红蜘蛛防治。防治指标：春芽萌发前为100～200头/100叶；5—6月和9—11月为500～600头/100叶。防治药剂有矿物油、噻螨酮、螺螨酯、唑螨酯、联苯肼酯、乙螨唑、乙唑螨腈、唑螨酯、苯丁锡。需要注意的是：（1）杀螨剂应交替使用，延缓抗药性产生；（2）矿物油在发芽至开花前后及9月至采果前不宜使用；（3）螨类发生严重，冬季或早春需清园。

第四是介壳虫的防治。防治关键时期是第一代若虫盛发期，防治药剂有矿物油、噻嗪酮、松脂酸钠、螺虫乙酯、氟啶虫胺腈等低毒杀虫剂。

第五是柑橘粉虱类害虫的防治。柑橘粉虱防治适期也是第一代若虫盛发期，为害特别严重的果园还应对成虫进行防治。防治成虫的药剂有吡虫啉、啶虫脒、烯定虫胺、噻虫啉等新烟碱类药剂，防治若虫和蛹可选用矿物油、螺虫乙酯、噻嗪酮、氟啶虫胺腈等。

作者简介

　　冉春，博士，研究员，博士生导师，西南大学（中国农业科学院）柑桔研究所病虫害绿色防控中心主任，重庆市果树害虫生物防治工程技术研究中心主任，农业农村部田间药效试验杀虫剂技术负责人，中国园艺学会理事，中国昆虫学会蝉螨专业委员会委员，重庆市园艺学会常务副理事长兼秘书长，重庆市科技青年联合会植保专委会副主任，科技部、教育部、重庆、广西、云南等部（省）科技评审专家，入选"重庆市特支计划·科技创新领军人才""北碚区缙云英才（A类）"，所领衔的团队入选重庆英才·创新创业示范团队。自1997年参加工作以来，一直在西南大学（中国农业科学院）柑桔研究所从事柑橘重要害虫（螨）成灾机制及防控技术研究。先后主持国家重点研发计划课题、国家农业科技成果转化资金项目、国家星火计划和重庆市重大专项等项目、课题20余项，制定国家农业行业标准2项，获省部级奖励6项，获国家授权专利30余项，发表论文150余篇，主编和副主编专著7部。

　　专业特长：柑橘重要害虫（螨）成灾机制及绿色防控技术。

丘陵山地橘园无人机植保技术

西南大学/国家柑桔工程技术研究中心　吕　强

编者按

在我国，柑橘生产为了不与粮食争地，90%以上种植于丘陵山区。这些立地条件下的橘园，尤其是传统老果园，地面通行条件差，果树交头郁闭，生产管理作业机具无法进入，而传统的采用人工背负式喷药机进行农药喷施的植保方式，存在劳动强度大、对作业人员安全风险高、施药量大、农药利用效率低、容易造成环境污染等缺点，迫切需要新的植保技术和装备。

无人机植保技术已成为解决丘陵山区橘园植保难题的重要潜在方案之一。由于丘陵山地橘园地面起伏大、边界不规则，园内环境复杂，会带来较大的视觉误差或遮挡，对飞手作业能力挑战较大。因此，在开展作业前必须制定科学、合理的作业流程与作业规范，对确保作业人员、机具安全和作业效果至关重要。

本文作者吕强博士是西南大学（国家柑桔工程技术研究中心）副研究员，主要从事农业信息感知与分析、果园智能农机和农产品无损检测技术等领域的科学研究。他的网课《橘园无人机植保技术与装备》从我国柑橘种植环境和植保技术需求入手，讲解橘园无人机植保作业技术流程、植保无人机装备基本要求、飞防药剂配制要求等，也可为其他果树无人机植保提供借鉴。

一、我国橘园植保现状

近40年来，我国柑橘产业快速发展，目前柑橘种植面积和产量均居世界首位。柑橘是我国最重要的经济作物之一，其推广种植有力地带动了农村脱贫致富和乡村振兴。目前我国规划了4个柑橘优势产业带，在广西、江西、湖南、四川、云南、重庆等20多个省、市、自治区都有广泛种植。柑橘主要产区的环境都具有高光照、高温、高湿等特点，十分有利于病虫害的发生和传播。黄龙病、黄脉病、溃疡病、砂皮病、煤烟病、红蜘蛛、潜叶蛾、蚜虫等柑橘病虫害防控需要高频次喷施农药，甚至砍伐病树，增加了生产成本，给果农造成了巨大经济损失。

1.1 橘园传统植保技术与装备

我国橘园，尤其是小型家庭果园，大多采用人工背负式喷药机（图1）进行农药喷施的植保方式，但存在劳动强度大、对作业人员安全风险高，施药量大、农药利用效率低，容易造成环境污染，劳动效率低、用工量较大、成本高等缺点。

图1　人工背负式喷药机

为解决药液运输难题，我国大部分橘园拉管式喷雾机（图2），利用三轮车、拖拉机或者小推车装载药箱，将药液运输到果园，通过人工牵引软管在果园喷施作业。拉管式喷雾机灵活性好、适用性强，效率较人工背负式喷雾机大大提高，但作业效率仍处于较低水平，同时还存在劳动强度大、农药利用率低、用药量大、环境污染等缺点。

图2　拉管式喷药机

　　部分果园安装了管道恒压喷雾系统，在果园铺设管网，根据地形将果园分成若干区块，每个区块预留接口。定点统一调配农药，通过管网输送到果园，在每个接口处连接软管，人工牵引喷施。但管道系统中容易残存大量药液，残存农药处理较难，用药量大，环境污染严重。

1.2 风送式喷雾机

　　随着劳动力转移和人口老龄化加剧，农业生产存在劳动力短缺的情况，迫切需要农业生产机械装备。风送式喷雾机（图3）能吹开柑橘冠层厚密的枝叶，将雾滴送到冠层内部，在国外大型果园得到了广泛应用。风送式喷雾机主要有背负式对靶风送喷雾机和牵引式自动对靶喷雾机。背负式载药量略小，只有几百千克，但整机转弯半径小。牵引式喷雾机可加载2～3吨药液，整机长，转弯半径大，通常采用跨行掉头作业。国内在智能风送式喷雾装备上研究的也比较多。风送式对靶喷雾机能自动检测植株有无、树冠大小，进行对靶变量喷施。风送式喷雾机作业效率高、农药利用率较高、雾滴沉积分布均匀，效果好，但控制不精准时，雾滴飘移严重。

图3　风送式喷雾机

风送式喷雾机对果园基建和通行条件要求较高，果园要有一定的行距、行间较为平整，有一定的坡降便于排水，行端要有掉头空间等。近年来我国新建一批高标准宜机化橘园（图4），为果园喷雾机等作业机具提供了作业条件。我国柑橘产区打药时多是雨水季节，地面积水、湿黏，轮式拖拉机容易下陷，可采用轮履结合的拖拉机改善果园通过性，提高作业能力。

图4　宜机化橘园

我国广西、云南、四川、福建、重庆、浙江、贵州等柑橘主产地的山地占比均超过70%，果树上山下滩不与粮食争地，国内90%以上的柑橘种植在丘陵山区。这些立地条件下的橘园，尤其是传统老果园，地面通行条件差，果树交头郁闭，机具无法进入，迫切需要新的植保技术和装备。随着无人机飞控技术和人工智能技术的发展，无人机植保技术成为解决丘陵山区橘园植保难题的重要潜在方案之一。

二、无人机植保技术

果树飞防技术已在国内外发展多年。国外果园地势平坦，园区障碍少，有人机也可以超低空快速飞行作业，但存在大量雾滴飘散和浪费（图5）。国内赣南山地橘园也曾经开展了有人直升机飞防（图6），考虑到作业安全，飞行较高，作业效果不理想，且存在环境污染等潜在风险。

图5　国外固定翼有人机果园植保　　　图6　赣南山地脐橙果园直升机植保

　　近十多年来，我国植保无人机等民用无人机技术快速发展，经历了最初的无序发展，到规范发展。2019年，国内相关单位发布了一系列的植保无人机标准。植保无人机产品很多，按平台构型可分为无人直升机（图7）和多旋翼无人机（图8）。无人直升机包括单旋翼、共轴双旋翼、纵列双旋翼等。多旋翼无人机包括四旋翼、六旋翼、八旋翼，甚至更多旋翼。按动力种类可分油动无人机和电动无人机。按控制模式可分为自主控制模式和手动控制模式。现在随着电子技术、控制技术的发展，无人机的智能程度越来越高。

图7　无人直升机　　　　　　　　图8　多旋翼无人机

　　植保无人机作业效率高、能全地形作业，在丘陵山地果园能仿地飞行，自主作业；具备了全自动巡航喷洒作业、断点续喷功能；智能化程度高，能自动识别靶标和障碍，自动返航，安全系数比较高；低容量喷洒，用药少，农药利用率比较高；根据规划好的航线，能白天、黑夜连续作业。

　　植保无人机已广泛应用在大田作物植保中，作业技术已较为成熟。但柑橘与大田作物不同，有植株不连续、高度起伏不一致、枝叶厚密等特点。各种类型的无人机在柑橘植保中都有尝试应用，专门针对橘园研发的植保无人机较少。油动直升机（图7）起飞重量大、载药量大、续航时间长、风场大，能较好地扰动冠层枝叶，在橘园飞防中应用较多。多家企业推出了具有果树模式的电动多旋翼无人机（图9），也在国内橘园植保中得到了较好推广与应用。

图9　具有果树模式的电动多旋翼无人机（左：极飞V40；右：大疆T30）

三、丘陵山地橘园无人机植保流程

丘陵山地橘园地面起伏大、边界不规则，园内环境复杂，会带来较大的视觉误差和遮挡，对飞手作业能力挑战较大。科学、合理的作业流程与作业规范，对确保作业人员、机具安全和作业效果至关重要。以大疆T30无人植保机为例，下文详细介绍山地橘园飞防作业的主要作业步骤，主要包括果园三维测绘，果树识别与定位，航线规划、验证与优化，飞防作业，作业效果评估等五步。

3.1 果园三维测绘

橘园多是流转的农田、林地、山地、坡地，有建筑、高压线、电线电缆、杂树等，无人机植保作业环境十分复杂。为确保无人机安全、高效、高质量作业，需要通过高精度的三维测绘来搞清楚果园的地形地貌、障碍物的空间分布与尺寸。部分植保无人机企业有自己的智能测绘平台，能生成厘米级的三维地图，如大疆有P4R和大疆智图，极飞有极侠等辅助软硬件支持。

3.2 果树的识别和定位

大多数果园与大田作物不同，有明显的行株距，对果树喷洒农药，首先要找到柑橘树，确定其位置与冠层大小。具体操作是在获取的果园三维地图上利用人工智能算法自动识别柑橘植株和各种地物，对树心定位，计算树冠尺寸（图10）。

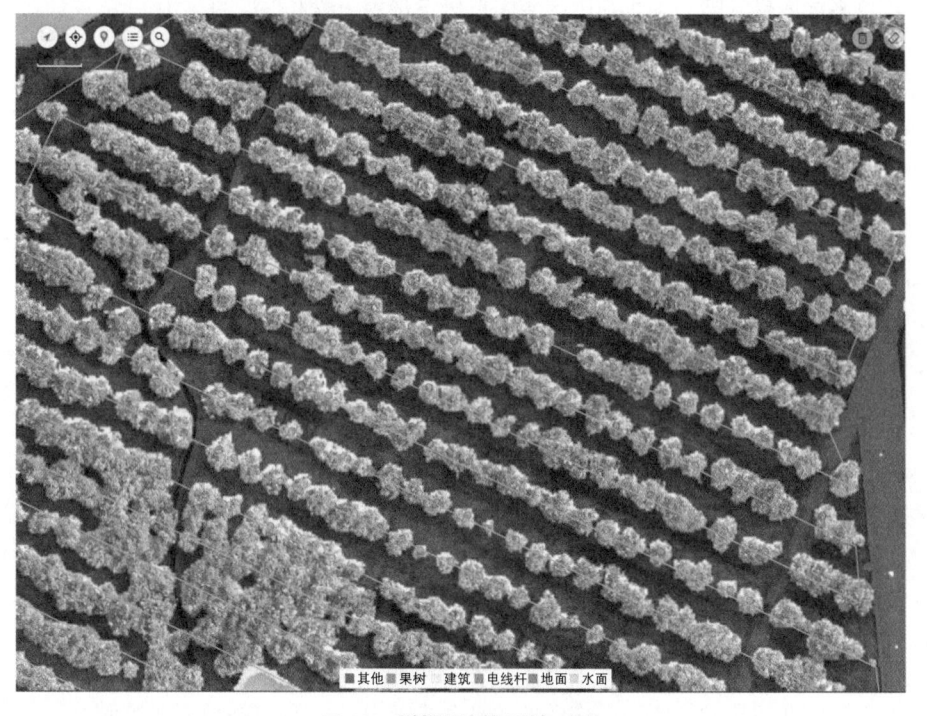

图10　柑橘果树识别与定位

通常对于株行距比较明显、冠径大小较一致的果树，识别效果比较好。但对于树冠连接、交头的毗连植株，识别和定位效果不太理想，主要是因为算法在目标设定与学习上还是有一些问题有待进一步解决。比如图10左下角存在多株相连甚至跨行多行相连时，出现了识别遗漏、树心偏移、冠径误差大等问题。

3.3 航线规划、验证与优化

从复杂的果园三维作业场景中提取果树位置和冠层大小等信息后，需要进行飞防航线规划。首先根据树冠直径、行距、喷幅等参数计算飞高；其次需要了解无人机的安全距离等各项参数；进而如果果园株行距比较明显，且没有障碍物，飞行方向可以与行向一致，喷幅要覆盖到整个树冠。对于密集、郁闭的果园，也可以采用大田全覆盖的飞防航线。系统根据三维地图、飞机参数和果园株行距等参数可以规划出基本航线。

但大部分果园通常由于高压线、电线电缆、杂树、边界建筑或山坡等障碍物的影响，很多地方都无法作业，作业面积比很小，部分园区仍然需要人工打药。因此需要验证航线，核查没有覆盖到的区域存在什么问题，以进一步优化改进航线。作业面积比低的主要原因就是田间障碍物太多，所以田间障碍物能移除就移除、能处理尽量处理。同时可以通过优化飞高、安全距离等参数提高作业面积比。如果电线电缆较低，可以越过线缆；如果较高，可以从线缆下穿过；如果严重影响飞行作业，只能设为障碍物，分区规划航线。

图11所示为一个典型山地果园的航线图。图上有一些植株没有覆盖到，有些是因为太靠近果园边界，受到其他高大乔木影响，为了作业安全，没法覆盖。还有一些是交头植株识别和定位上出现了一些偏差，没有覆盖到。图12左图是这个地块三维航线的顶视图（即俯视图），可以看出随着地形变化和植株位置变化，航线弯曲起伏。图12右图更清晰，整个地块高差几十米，而且建筑物、电线、大树等复杂障碍物清晰可见，航线的起伏就很大，跨越了线缆等障碍物。

图11　丘陵山地橘园无人机植保航线规划平面图

图12　丘陵山地橘园无人机植保航线规划顶视图和三维图

　　整合各个分区航线，最后生成了整个果园的航线（图13）。该果园优化后的作业面积比超过了90%。比未验证航线高出了约20%。但仍有部分植株因为各种原因不能作业，需要人工喷施。这些植株大多位于边缘，可直接定位，人工喷药。

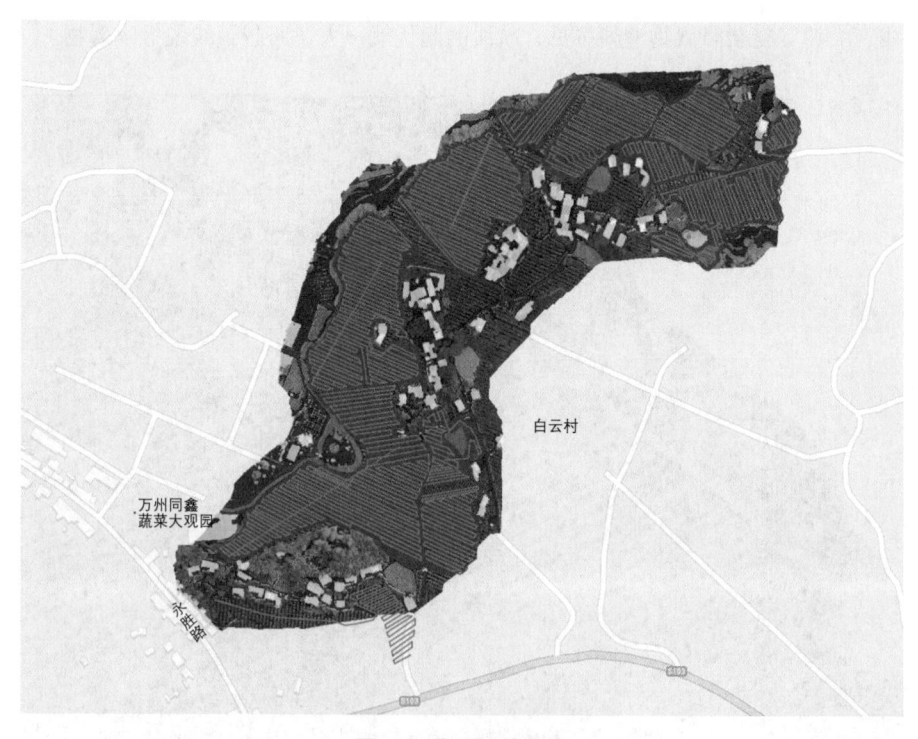

图13　优化后的航线

3.4 飞防作业

将规划好的航线导入遥控器（图14），各个区块都很清晰，逐个区块进行作业。绿色点都是飞机在飞行方向上发生变化的点。绿色的航线是要喷洒航线，白色的是不喷洒区间，这是缺株、航线过近或航线重复等原因造成。

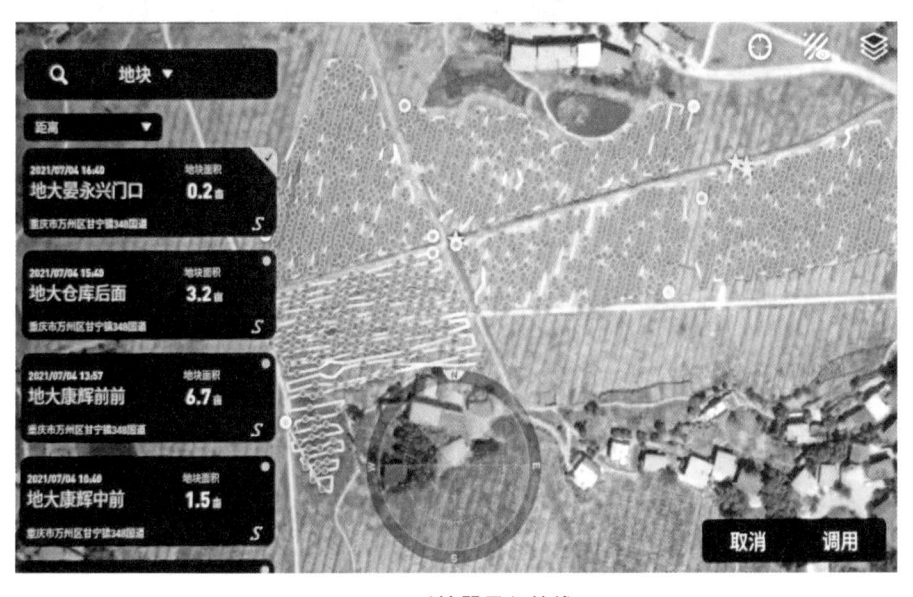

图14　遥控器导入航线

航线导入后，进行飞防作业。实际飞防要考虑到果树的品种、树龄、要防控的病虫害种类、物候期、用药历史、药液的浓度、农药喷洒量、气象条件等因素，同时还要考虑作业效率。通常果园药液喷洒量为5~9升/亩，药剂用量为常规用量的70%~80%，具体数据根据机型、病虫害种类、药剂类型等因素调整。

3.5 作业效果评估

无人机飞防作业后，要对作业效果进行评估。通常采用雾滴在冠层各个区位、叶片正反面的分布沉积情况（图15）和飞防后的虫口数情况进行调查评估。通常叶片正面的雾滴沉积比背面要好，冠层上中部的雾滴沉积比下部要好。喷洒量、作业效率和防控效果是互相影响的。如果喷洒量增加，作业效率就会降低，但雾滴沉积会好，防控效果会好一些；喷洒量小一些，会提升作业效率，但防控效果会差一点。所以，要根据果树的实际情况在防控效率和效果上进行综合考虑和平衡。

图15　橘园无人机飞防雾滴沉积分布

四、橘园飞防对无人机的基本要求

4.1 较强的风场

无人机下压风场对冠层枝叶充分扰动，有利于雾滴穿透。无人机的下压风场与起飞重量大小是一致的（包括无人机自重、载药量、燃料或电池重量）。需综合考虑风场穿透力、地效大小和果树的承受能力等因素，需要让枝叶充分扰动，但也不能让枝叶扰动过大，否则会对果面造成伤痕，甚至伤及树枝，影响经济效益。

4.2 较长的续航时间

橘园以丘陵山地环境为主，地形、地貌复杂，很多地块起飞地点距离作业地点较远，需要较长的续航时间才能保证作业效率。无人机续航时间与载药量或喷洒时间较为匹配，才能有效提高作业效率。如果只喷洒半箱药就要返航更换电池，将严重影响效率。

4.3 宽喷幅

大多数果园行距明显，成年果树冠层尺寸较大，无人机飞行方向与行向相同，需一次作业覆盖整株冠层，且树冠各部位着药都比较均匀。

4.4 良好的操控性

无人机良好的操控性是保证作业质量的必备条件，果树种植地形复杂，有平地、坡地、丘陵。无人机操作模式应同时具备自主、手动模式。飞手根据需要可随时切换。自主飞行可以精准定位、规划三维航线、断点续喷，不出现重喷、漏喷，保证作业质量，降低劳动强度。

4.5 较好的稳定性与安全性

植保无人机作业系统稳定性直接影响作业效果、飞手操控体验；安全性直接影响地面人员的生命安全、机具安全及其他财产安全，同时也会对作业成本、无人机飞防技术与装备的市场化推广产生影响。

4.6 后台智能管理系统

后台监控、管理功能便于作业质量管理，保证飞防效果，作业数据随时可查。

五、橘园无人机植保药液配制要点

无人机植保是低容量农药喷施。飞防药液的配制和施用与人工喷施、地面机械喷施要求有所区别。飞防药液配制需注意以下几点：

（1）无人机植保农药稀释倍数通常在15～35倍，浓度高于常规用药13～50倍。

（2）传统喷药是以低浓度药液对叶片全面覆盖，而达到杀虫杀菌效果。无人机植保将高浓度农药雾化成为70～200 μm的雾滴均匀地喷洒在叶片正、背面。

（3）每一个雾滴都有杀伤半径，因为采用较高浓度，药效也比人工施药高一些，杀虫效果更好，不易产生抗药性。

（4）由于高浓度低容量喷洒，雾滴密度有限，因此，建议配合施用农用展着剂提高雾滴覆盖面积，同时可以改善雾滴沉积与穿透能力。

（5）由于无人机喷洒农药的特殊性，不是所有的常规农药都适用于飞防施药。不可溶或慢溶性颗粒剂和干施粉剂、石硫合剂等不宜使用飞防喷洒。

（6）一些防止炭疽、灰霉病等使用的三唑类农药，要在常规用量基础上至少降低50%的用量以避免出现药害。

（7）高温下的无人机喷洒，为了减少太细小雾滴在空中蒸发或飘移，应适当添加抗蒸发和抗飘移的助剂。

（8）飞防农药配制一定要采用"二次稀释法"。

（9）多种农药混配需根据微肥—水溶肥—可湿性粉剂—水分散粒剂—悬浮剂—微乳剂—水剂—乳油顺序依次加入，最后加水补齐，搅拌均匀。

（10）可湿性粉剂和乳油制剂同时施用时，乳油制剂不能和可湿性粉剂混配，必须将乳油制剂根据总稀释倍数配好搅拌均匀单独存放，等待加入药箱前按比例和其他药液混配、搅拌均匀后加入药箱，否则乳油制剂会和可湿性粉剂产生反应产生"絮凝现象"，会沉淀和析出，造成药效降低和堵塞喷头现象。

作者简介

　　吕强，博士，西南大学/国家柑桔工程技术研究中心副研究员，主要从事农业信息感知与分析、果园智能农机和农产品无损检测技术等领域的科学研究，承担国家、省市级项目10余项，发表科研论文30余篇。授权发明专利2项，登记软件著作权5项。

果园精准施药技术与装备

国家农业智能装备工程技术研究中心　翟长远

编者按

作为普通的消费者，我们希望吃到的果蔬都能少打或不打农药，吃得放心，而事实上，如果病虫害得不到有效防治，果园可能大幅减产，果品外观和内质也会大受影响。化学防治仍然是目前乃至未来很长一段时间病虫草害防控的主要方法和最有效的手段。在我国，滥用农药、过度依赖农药的情况相当普遍，单位面积上农药的施用量自20世纪90年代起一直位居世界首位。农药的过量施用，不仅浪费农药、污染环境，也对农产品安全造成了巨大威胁，进而影响销售和效益。种植户必须学习掌握科学的施药技术，以解决这些问题。

本文作者翟长远博士是国家农业智能装备工程技术研究中心研究员，美国俄克拉荷马州立大学博士后、美国康奈尔大学访问学者，长期从事果园精准喷雾技术与装备研究，学识广博、经验丰富。他的网课《果园精准施药技术与装备》在分析农药的作用、过量喷施的危害、农药管理相关法规制定与执行的基础上，系统介绍了国内国外现代果园的施药技术与装备，对广大种植户科学开展果园病虫害防控有很好的指导价值。

有研究表明，病虫害的有效防治可以挽回66%~90%的果品损失，36%~100%的蔬菜损失，以及24%~36%的粮食产量。目前病虫害防治主要靠化学农药，果树一年内喷施农药8~15次，其工作量约占果树管理总工作量的30%。由于果园果树具有不连续种植和冠层大小、枝叶稠密度变化较大等特点，为了达到病虫害防治效果，实际作业过程中往往会过量喷施，导致化学农药大量残留，严重污染生态环境和威胁果品安全生产。

| 柑橘炭疽病 | 蔬菜小菜蛾 | 小麦白粉病 |

图1 **农产品病虫害**

一、农药的作用与过量喷施的危害

1.1 果园农药的种类

目前果园农药的种类主要分为杀菌剂和杀虫剂两类（表1）。

杀菌剂包括铲除性、保护性和内吸治疗性三种，通过熏蒸、内渗形成保护膜或直接触杀来杀死或抑制病菌，消除危害。

杀虫剂包括生物源、特异性、矿物源和化学合成类四种。通过杀虫剂的触杀、胃毒、生长发育抑制和拒食作用杀灭虫害，阻碍或抑制害虫的发育、行为、习性繁殖，杀死越冬虫卵、成（幼）虫、茧和用化学工艺生产的农药杀灭虫害。

表1 **果园农药的种类及其作用机制**

种类		作用机制
杀菌剂	铲除性杀菌剂	通过熏蒸、内渗或直接触杀来杀死病原体,消除危害
	保护性杀菌剂	在植株表面形成一层保护药膜,阻止病菌侵染
	内吸治疗性杀菌剂	渗入作物体内或被作物吸收并在体内传导,对病菌直接产生作用或影响植物代谢,杀灭或抑制病菌的致病过程

续表

种类		作用机制
杀虫剂	生物源杀虫杀螨剂	通过杀虫剂的触杀、胃毒、生长发育抑制和拒食作用杀灭虫害
	特异性杀虫杀螨剂	阻碍或抑制害虫的发育、行为、习性繁殖等
	矿物源杀虫杀螨剂	在冬春清园和落叶后使用，杀死越冬虫卵、成(幼)虫、茧等
	化学合成类杀虫杀螨剂	用化学工艺生产的农药，常用的主要是一些低毒、低残留农药

1.2 果园科学施药的策略

果园植保对农药施用的要求为综合防治、合理施药。"预防为主，综合防治"，即加强对各种病虫害的预测预报，实现化学防治和生物防治有机的结合。

（1）合理施用农药需要根据不同的防治对象，选择针对性强的高效、低毒、低残留农药，对症施药，达到最佳防治效果。

（2）使用药剂与果树、防治对象和环境因子相互协调适时施药，在不同果树和防治时期发挥最佳效果。

（3）选择作用机制不同的农药品种交换轮换使用。

（4）科学合理混用农药，防治病虫害，减少用药量，提高药效，省工，减少农药残留，降低病虫害对农药的抗性。

目前，生产上错用、滥用农药的现象还相当普遍，具体表现为：为了达到施药效果，过量施药，存在多种农药过量混用、施药浓度过大、药量耗费过大的问题；施药时间不当，没有抓住最佳的防治时期，未适期用药；农药施用类型不当，未针对性用药；不清楚病虫害的发生情况，未对症用药。

浓度过大

耗药量过大

药害严重

图2　过量施药及其危害

过量施药，造成果品农药残留超标、果品畸形、生长停滞、脱落等不良后果。

科学施药，有助于减少农药消耗、降低环境污染、保障果品安全。需要大力发展精准施药机械；开发与环境相容的高效、低毒、广谱、低残留农药；大力发展低量喷雾技术，提高农药利用率；完善施药法规，充分发挥法规的"强制性、权威性、科学性"。这与国家减农药、控漂移、降农残的战略发展要求一致。

二、农药管理相关法规制定与执行

农药管理相关法规制定与执行是制约和引导农药使用规范。美国早在1947年颁布了《联邦杀虫剂、杀菌剂及灭鼠剂法》，欧盟在1997年颁布了植保法规（EC）NO.1107/2009。我国在1997年颁布了《农药管理条例》，在2017年修订。条例中要求农药使用需要农业部负责登记使用监管，果蔬禁止使用剧毒高毒农药，农药包装上要标注毒性、含量、种类和二维码等。农业部第2579号公告《农药标签二维码管理规定》中要求农药需要采用QR码或DM码，并具有唯一性，一个标签二维码对应唯一一个销售包装单位，在2018年1月1日起强制执行。农药的登记类型为PD（品登）农用农药和WP（卫品）卫生用农药。

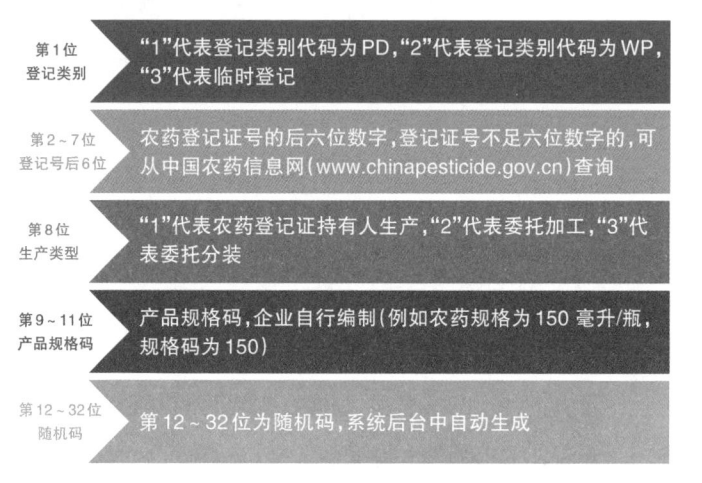

图3　农药二维码单元识别代码组成

农产品农药残留一直以来是大家关注的重点，美国《联邦食品、药品和化妆品法》（FDCA）、欧盟《食品卫生法》（NO.852/2004）等7部基本法规和中国

《GB 2763-2019 食品安全国家标准 食品中农药最大残留限量》对农药残留都有明确的规定。

非可观测效果水平（No-Observable-Effect Level，NOEL），指在一个长期的过程中，某农药存在于供试动物（如小白鼠）每天的食物中而未观测到中毒症状或者病理性效果的剂量水平。国际公认的农药残留准则为，人类的每日允许摄入量（ADI）设置为 NOEL 值的百分之一，即假设人类对农药的敏感程度比供试动物高 10 倍，且个体间的敏感度差异范围为 10 倍，设定白鼠允许量的百分之一作为人类食物中农药允许量的安全系数。对于婴幼儿，则采用千分之一的安全系数，确保其安全性。目前，我国已经全部覆盖中国批准使用的农药品种，356 种（类）食品中 483 种农药共 7107 项最大残留限量（图 4）。

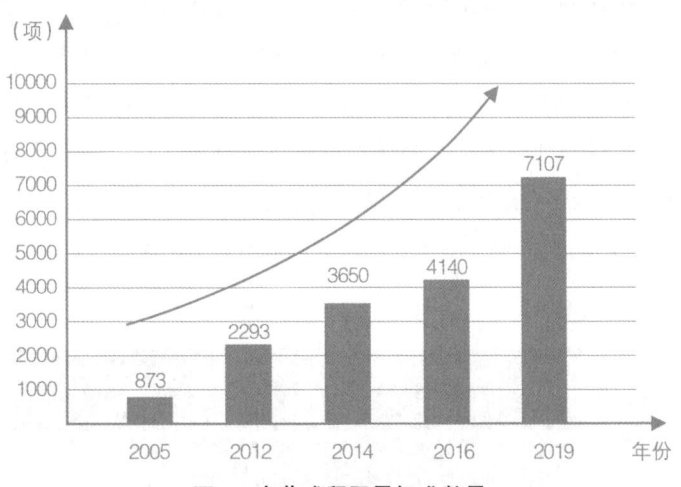

图 4　农药残留限量标准数量

三、果园施药装备与技术

高质量的果园施药既可保证果品品质和产量，也可挽回经济损失近 10%。如何准确防治果园病虫害，降低果品农药残留是目前我国果园施药技术与装备研究的重点。一方面，根据法规和专家经验准确地进行病害识别与分级，合理的选择农药与农药配比，将剧毒高毒农药替换为低毒微毒农药；另一方面，研究精准控制技术与装备，精准控制施药量、控制施药均匀性和雾滴防飘移技术。

我国果园种类较多，正在不断发展，总体趋势是由原始郁闭果园、丘陵山地果园向宜机化标准果园发展（图5）。

郁闭果园　　　　　　　丘陵山地果园　　　　　宜机化果园（平地与丘陵地）

图5　我国果园的发展趋势

3.1 果园施药装备种类与发展

果园喷雾装备尚未达到精准探测按需喷施的要求，是目前世界范围内面临的普遍性问题。

传统施药装备

传统的施药装备主要有背负式喷药机和拉管式喷药机（图6），两种喷药机都可用于郁闭果园，但存在作业效率低、施药量大和施药均匀性差的问题，且作业强度高。施药方式易对作业人员的身体健康造成危害，药液浪费严重导致生产成本增加。

背负式喷药机　　　　　　　　　　　　　　拉管式喷药机

图6　传统的施药装备

为了提高药液穿透能力和作业效果，风送喷雾技术在国内外被广泛推广使用。该技术是联合国粮农组织推荐的一种高效的施药技术，其高速气流将喷头雾化的雾滴进一步撞击雾化成细小均匀的雾滴，增强了附着性能，同时强大的

气流翻滚枝叶裹挟着雾滴穿入靶标内腔，大大增加了雾滴贯穿能力，具有雾滴穿透性强、在叶片正反面沉积均匀和作业效率高的优点

果园风送喷雾在技术层面上存在两大难题：

（1）难以在线计算靶标药量需求分布并实施对靶变量喷雾控制，一方面药量不足无法及时消除病虫害，另一方面农药的过量施用导致大量农药残留，威胁着农产品安全。

（2）难以在线计算风力需求并进行按需调控，风力过小会导致冠层堂内沉积不足，过大又会将药液吹出冠层，造成巨大农药飘移，严重污染农田生态环境。

为了解决上述技术难题实现果园精准喷雾，需要研究果园靶标识别方法以获取靶标位置、体积、稠密程度和病虫害程度等特征信息，研究喷药量智能控制技术以实现对靶变量喷雾，研究风力变量调控方法以实现按需风送供给。

风送喷药机主要分为轮式和履带式（图7A-C）。轮式风送喷药机主要分为车载背负式、牵引式和自走式。其中，车载背负式风送喷药机容量最大，牵引式风送喷药机转弯半径最小，自走式风送喷药机成本最低。履带式风送式喷药机（图7D）比轮式具有更强的爬坡能力，在丘陵山地等地区应用更为广泛。

A 车载背负式风送喷药机

B 牵引式风送喷药机

C 自走式风送喷药机

D 自走式履带风送喷药机

图7　风送式喷药机

风送喷药机分为行间作业（图7）和跨行作业（图8）。跨行作业主要有单

通道作业和多通道作业，可实现在作业过程中回收药液。具有作业效率高，大大降低雾滴漂移和地面沉积。该类喷药机适合在矮化种植的果园和果树种植行间距较大且果树体积较小的果园使用，不适用我国目前种植面积仍然较大的郁闭果园。

单通道风送喷药机　　　　　　　　　　多通道风送喷药机

图8　跨行作业喷药机

3.2 果园施药探测技术与发展

果园风送靶标在线探测是果园对靶精准喷雾的基础和前提，其目的是在果园喷雾过程中实时获取靶标的特征信息，以确定靶标位置并计算靶标药量和风力供给需求。

靶标探测所用技术很多，比如光电感知、超声波传感、激光雷达、图像、光谱和电子鼻技术，探测的特征信息有果树位置、冠层外形轮廓、冠层体积、冠层内部结构、枝叶稠密程度、病虫害程度等。

3.2.1 果树位置探测与对靶控制

果树位置是对靶喷雾控制中最基本的特征信息，该信息可用于基于靶标有无进行开关喷雾控制，将药液喷施到果树靶标上，而非果树株间空隙内。靶标位置探测可以根据果树的不同特点，设计或者选用不同类型传感器探测不同高度树冠的位置，常用的传感器有光学传感器和超声波传感器。在果树树冠形状和尺寸较类似的果园，其位置可以根据树干位置进行估计，也可以采用探测树干的方法进行靶标探测。（图9）为使用红外光电传感器设计了幼树果园靶标探测器，通过探测树干估算树冠的位置，并在实验室和果园进行了试验研究，发现该方法能够准确的探测出树干的位置，并进一步推算出树冠的位置，适用于冠层比较类似的果园靶标探测。经试验研究证明，喷药机可以节省20%～50%的农药，减少地面药液沉积，实现喷药不同作业速度下的均匀作业。

图9　基于红外传感器的对靶喷药机

无论是直接探测树冠还是探测树干估测树冠，传感器都需要布置在喷头前一定距离处，为控制喷头启闭位置计算留出时间。对靶喷雾中需要进行提前探测延迟对靶的喷雾控制。靶标和喷头的相对位置需根据实时车速计算得出，如果传感器和喷头之间的距离大于最小株距，还要对探测到的靶标位置进行暂存。基于靶标位置探测结果，根据对应位置冠层有无进行对靶喷雾控制，大大降低了药液浪费和环境污染，其药液节省率与果树间隙比例密切相关，空隙比例越大可节省的药液比例越高。

3.2.2 果树外形轮廓探测与体积计算

超声波测距传感器可以非接触式测量远处物体的距离，理论上该传感器可以用于测量果园果树靶标到喷雾机之间的距离，进而估算果树的外形轮廓和体积。其测试原理是按照所用超声波传感器的数量，将被测物体沿垂直方向分割成相对应的独立单元，进而根据探测距离和已知行距估算树冠形状和体积，实现单元体积计算（图10）。超声传感器发出的波束的角度对靶标的感知范围有直接影响，为了测量某一点的距离，波束角度越小越好，在果园靶标探测应用中超声波束角一般小于15°。

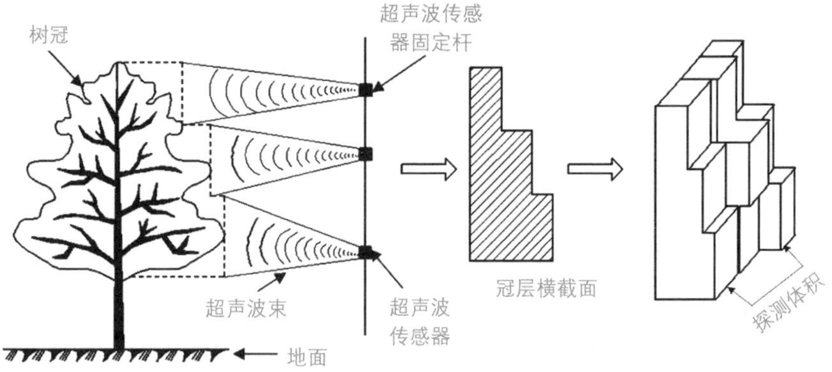

图10 超声波传感器探测果树冠层体积原理图

（图中标注：树冠、超声波传感器固定杆、超声波束、超声波传感器、地面、冠层横截面、探测体积）

　　图11为基于超声波传感器的对靶喷药机，在喷药机两侧不同的高度处布置超声波传感器，实现对果树冠层不同高度处外形尺寸的测量，进而计算冠层不同高度处的体积。经试验研究证明，基于超声波的喷药机能够节省农药30%~40%，减少地面药液沉积，实现喷药不同作业速度下的均匀作业。

图11 基于超声波传感器的对靶喷药机

　　超声波传感器可有效探测果树冠层体积、高度等几何特征，实现变量喷雾，且已在农业中使用40多年，靶标的几何形状探测是其最重要的应用之一，可有效增加农药的利用率。超声波传感器的探测性能不受动力机行走速度的影响，但有一定的探测延迟。其实际应用中存在以下问题，超声波传感器的发散角较大，超声波间距布置不合理会导致传感器探测过程中的相互干扰。针对超声波传感器的发散性，Escolà等研究其应用于估算树冠特征参数探测过程中的布置间距，得出超声波在布置间距为30 cm和60 cm时，田间试验的相对误差分别为±17.46 cm和±9.29 cm。为保证传感器之间不受其发散性特征的影响，超声波传感器的布置间距应该大于60 cm。由于超声波传感器不仅容易受施药机作业速度的影响，还受环境条件（例如环境温度和湿度）的影响。在喷雾过程中为确保工作效率，需要在喷雾机的两侧安装多个超声波传感器，这会导致系统结构复杂，应用的可行性受限。

激光雷达传感器能够发射高频率脉冲激光束，根据反射回来的激光点云，测量周围物体各点的距离，也可用于测量果园靶标的外形和体积信息。与超声波传感器探测果树冠层存在的缺陷相比，激光雷达在冠层体积和特征参数获取方面具有更大的应用潜力，具有移动速度快、测量精度高和不易受外界环境影响等特点。激光雷达发射的激光束具有高能量密度、较小分散角和较远直线传播距离等优点，被广泛应用于冠层几何尺寸测量和特征描述等众多方面，提供准确和详细的冠层信息。

激光雷达测量果树冠层特征主要通过以下两种测量方法：

（1）激光—飞行时间（Time of Flight, TOF）原理：通过高频发射脉冲激光束和接收激光点云的反射信号，计算区域内各个激光点与扫描仪之间的相对距离，进而获得精确的果树外形尺寸。

（2）相位差原理（Phase shift）：通过测量入射和反射激光束的相位差实现果树外形尺寸的测量，其测量系统搭建需根据测量对象选择激光雷达传感器探测的角度范围、测量精度以及激光雷达的型号和数量。激光雷达通过TOF原理测量冠层体积（如图12所示），将果树冠层沿纵向（横向）进行分割，根据激

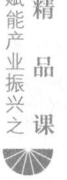

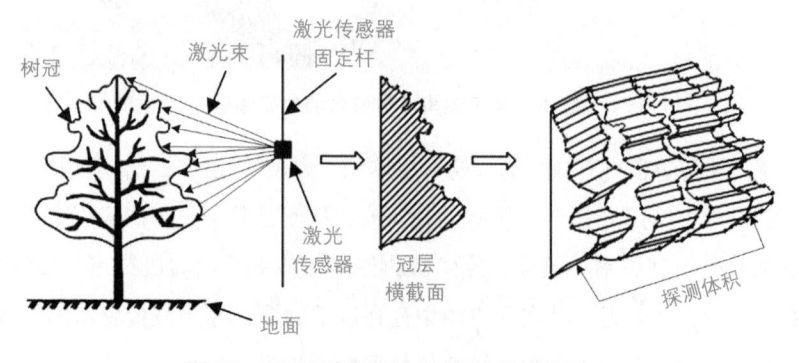

图12 LiDAR探测果树冠层体积原理图

光束帧内点，将冠层沿纵向（或横向）进一步分割成更为细小的单元块，对每一部分进行累加计算，获得冠层体积。

图13为基于激光雷达传感器的对靶喷药机，该喷药机能够明显节省农药，减少地面药液沉积，实现喷药机不同作业速度下的均匀作业。激光雷达传感器的探测性能不受动力机行走速度的影响，不同的探测速度下不存在探测延迟。

图13　激光对靶风送喷药机

（1.上位机，2.二维激光雷达，3.数据分配器及流量控制器，4.喷头，5.电磁阀，6.测速装置，7.电源控制器）

3.2.3 果树冠层内部结构探测和枝叶稠密程度估算

果树冠层枝叶稠密程度是影响果园药量喷施和风送风力供给的另外一个重要指标。冠层体积和病虫害程度等其他因素不变的情况下，枝叶越稠密，药量喷施和风力供给需求会越大。枝叶稠密程度的评估量化指标有多种，常见的有叶面积指数（Leaf Area Index）、叶面积密度（Leaf Area Density）、点样方评估值（Point Quadrat Analysis）和生物量密度（Biomass Density）。果树在一年的生长

| 树芽发育期 | 盛花期 | 果实成熟期 | 衰老、休眠期 |

图14　果树的不同生长时期

过程中，冠层体积变化较小，冠层内树叶稠密度变化较大，即使在相同冠层不同区域内树叶分布的稠密度差异也较大，树叶在冠层内具有分布不规律和统计分析难的特点。喷药作业过程中，以单位叶面积上雾滴沉积量为标准，准确计算冠层叶面积能够为精准变量喷雾提供直接的喷雾量计算依据。准确测量果树冠层叶面积是实现精准变量喷雾的基础。

超声波传感器发射超声波后碰到障碍物会产生超声回波，障碍物形状大小等特性会影响超声回波的强度。超声回波和冠层密度存在正相关关系（图15），果树冠层越稠密，产生的超声回波越强。研究学者通过研究获得了平面果园靶标超声回波能量与探测距离和冠层生物量密度之间的数学方程。该方程可为基于生物量分布的施药量和风送风力实时调控提供数学模型支持。

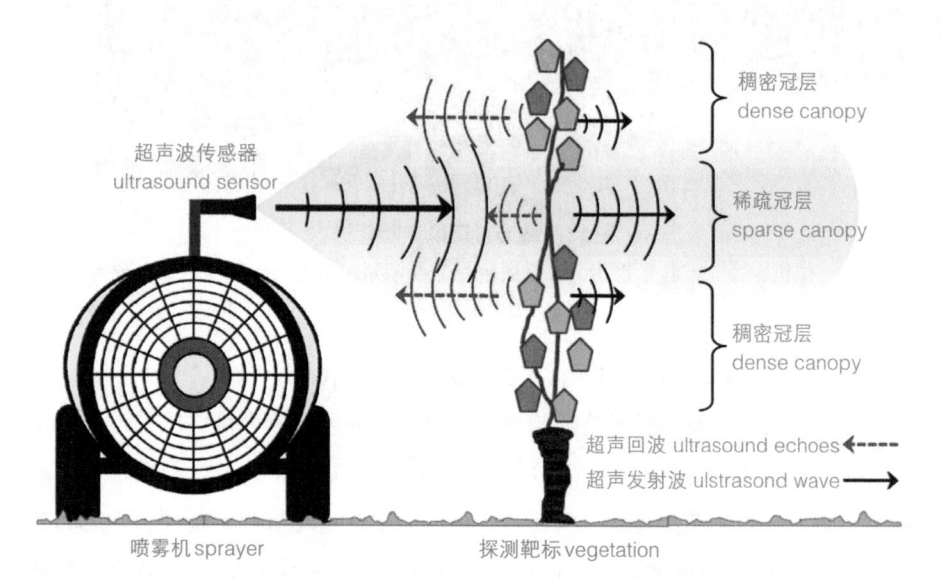

图15　基于超声波传感器冠层稠密程度探测

超声波传感器在测量距离短和多雾天气的情况下，测量果树冠层密度容易产生误差，需要研究其他鲁棒性强的传感器探测冠层密度。果树冠层枝叶稠密程度信息可以通过探测冠层内部结构获得（图16）。激光雷达的3D点云数据能够反映冠层密度的分布。通过激光雷达扫描果树冠层，获得的点云数量与冠层叶面积之间函数关系，为风送变量喷雾药量调控提供可靠的依据。

超声波和激光雷达传感器可用于冠层密度检测。超声波传感器可以探测室内、外的树冠密度，并且检测参数可以服务于变量喷雾控制系统。但是由于超声波传感器发散角及其本身特性的影响，检测精度会受到探测距离和天气条件的影响。激光雷达传感器探测果树冠层可以获得探测冠层的3D点数据，通过对点云数据进行计算，直接或间接获得冠层密度。激光雷达传感器具有良好的稳定性，不易受天气条件的影响。该传感器应用于冠层探测，为变量喷雾控制系统提供可靠、有效的变量依据。

图16　通过激光雷达双边探测获得果树内部结构

3.2.4 果树病害程度探测

基于果树病虫害程度进行对靶变量喷雾是高等级的果园精准施药技术。该技术主要实施方式有：

（1）基于病虫害分布地理信息进行按需变量喷雾。

（2）基于病虫害在线探测进行按需对靶喷雾。

第（1）种方式，需要提前调研绘制出果园病虫害程度分布地图，喷雾过程中控制系统读取该信息，并根据药液需求分布进行变量喷雾。第（2）种方式，要求果园喷雾控制系统能在线探测果园不同位置病虫害分布信息，并实时计算出药液需求分布进行对靶变量喷雾。

基于病虫害程度精准喷雾技术核心是病虫害获取方法。病虫害获取分为直接法和间接法，其中直接法主要基于血清学（Serological Methods）或者分子技术（Molecular Methods）在实验室内检测病虫害程度，该方法具有高准确性优点，但是检测流程相对复杂，费用较高，且难以用于果园在线自动化快速探测。间接法主要有基于果树外部形态变化和病虫害挥发性有机化合物变化两种方式。光谱和图像技术可以用于探测果树外部形态特征变化，目前研究学者针对不同的对象和病害，采用的方法主要有：可见光图像、荧光图像、高光谱图像、近红外光谱、荧光光谱、核磁共振和太赫兹等。图17为采用图像分段算法，针对柠檬果树的太阳烧伤疾病的识别结果。树木和作物释放的挥发性有机化合物（Volatile Organic Compounds）占地球大气层中该气体的三分之二。果树枝叶挥发性有机化合物有时会受到病虫害的影响，基于该原理，可以通过探测该挥发性有机化合物获得果树病虫害信息。电子鼻传感器由一系列气体传感器组成，可以用于探测果树挥发性气体的变化，进而探测病虫害程度。

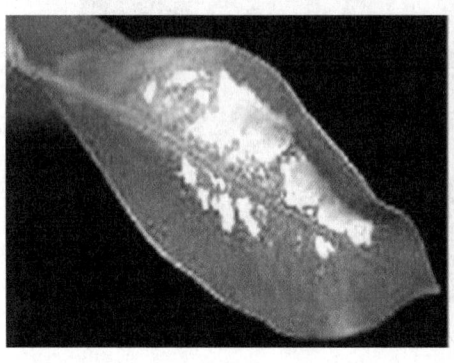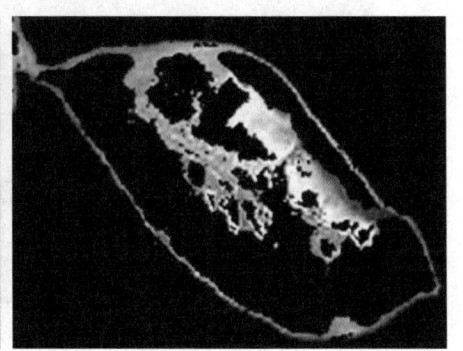

图17　柠檬叶片输入图像和太阳烧伤疾病识别结果

　　病虫害程度探测方面，国内外学者开展了大量的研究，也取得了一定的成果，部分研究结果也预示了病虫害程度快速探测的可能性。但研究成果与果园在线探测指导对靶喷雾需求相差较远，还需要有针对性地开展深入研究。

3.3 果园施药药量调控技术与发展

　　变量喷雾技术早在大田喷杆式喷雾机研发中就得到了巨大的发展和广泛运用。由于大田施药基本需求是大田地面药液均匀沉积，喷雾系统主要通过速度传感器获得喷雾机行驶速度，采用管道药液总药量控制方法实时调控喷药量，以实现按照设定施药量均匀喷施农药。与大田变量喷雾控制需求相比，果园喷雾药量调控不仅需要对管道总药液进行控制，而且需要对不同高度位置喷头药量进行独立调控。

3.3.1 管道总药量控制方法

果园喷雾机大都在喷药前将农药按照某种比例在药箱中配比完成，通过实时调节管道流量调控施药量。该方式的控制系统相对简单，可以采用流量传感器实时监测喷药量，根据喷药需求使用电动调节阀改变管道喷雾压力，进而调控喷药量。由于系统的压力差与流量的平方成正比，使用较便宜的压力传感器代替流量传感器，通过监测管道压力计算出实时喷药量，进行变量喷雾控制。控制系统的控制策略主要有滞环开关控制、经典PID控制（图18）、模糊控制和人工神经网络等控制策略。

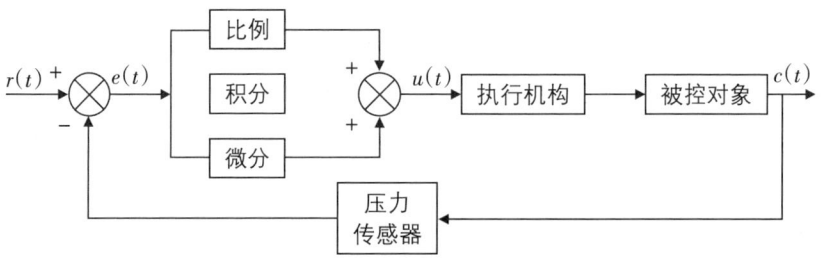

图18　基于PID的流量控制系统的闭环控制原理

喷药前药箱内配比农药的方法使喷雾系统结构简单，但也存在剩余药液难以回收再利用、喷药机药箱和管道难以清洗等问题。采用大水箱和小药箱组合方式将水和药分开存放，通过药泵将药液注入或者吸入到喷雾管道或者喷头混合腔中进行在线混合，改变药泵流量进行实时调控喷药量以解决上述问题。

3.3.2 喷头药量独立控制方法

果园喷雾不同高度的药量需求通常不尽相同，如果果树形状较为一致，采用在不同高度布置不同流量的喷头来实现，该方法可以在一定程度上改善药液冠层上沉积分布。果园喷雾中，同一高度处不同位置药量需求不同，不同高度处的药量比例也时刻发生着变化，仅通过在不同高度布置不同流量喷头无法满足精准喷雾的需求。基于该需求，喷头流量的独立控制方法是科研院所和跨国公司研究的热点。

为了控制喷头流量，可在喷头前段增加比例阀，通过实时调节比例阀的开度调控喷头流量。使用电磁阀和喷头组合进行喷头流量独立控制，不仅可以根据靶标有无实时开启和关闭喷头，还可以采用PWM技术控制喷头流量（图19）。该方法使用PWM波快速通断电磁阀进行快速间歇式喷雾，其喷头流量主要受喷雾压力和PWM占空比影响，动态喷雾均匀性主要受PWM频率影响。但是PWM频率越高，电磁阀的使用寿命会越短，由于受市场上电磁阀质量和使用寿命的影响，研究学者多采用10Hz甚至更低的PWM频率。

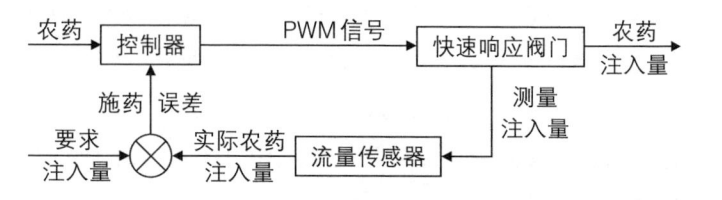

图19　基于PWM的流量调节结构图

果园喷雾药量调控技术与方法在基础研究和产品开发方面均取得了较多成果。其中管道总药量控制方法在管道设计、混药方式、药液流量控制策略方面都得到了巨大的突破，也研发出了多款市场化喷雾控制系统和喷雾机产品。喷头药量独立控制方法也开展了深入的研究，并取得了技术上的突破，产品化方面也取得了进展，正在朝着耐用实用化方向发展。

3.4 果园风送喷雾风力调控方法

果园风送喷雾果树冠层内外沉积分布很大程度上取决于风送系统风力供给。风力调控的重要性不亚于药量调控，只有风力和药量都得到精确控制，才能实现果园对靶精准喷雾。风送喷雾风力三要素为风向、风速和风量。果园风送喷雾风力控制需要准确的方向、恰当的风速和适当的风量。风送方向需要和设定的喷雾方向一致，不同生长状况的果树对风速和风量需求具有不同组合特点，例如枝叶稠密但体积较小的树冠一般需要高风速低风量，而枝叶稀疏但体积较大的树冠则需要低风速高风量。风力按需调控需要对风速和风量分别按需调控，在线探测计算果树风速风量需求，实时控制风送执行机构供给合适的风力，使其经过输送空间损失以后，以恰当的风力大小贯入果树冠层中。目前风送喷雾风力调控方法相关研究主要集中于风速风量需求理论、风场与雾场分布建立方法和风力调节技术与装置等。

222

3.4.1 风速风量需求理论原则

要实现风速和风量调控，首先需要探测计算出风速风量需求量。早在2008年戴奋奋阐述了果树风量需求"置换原则"风速需求"末速度原则"（图20）。

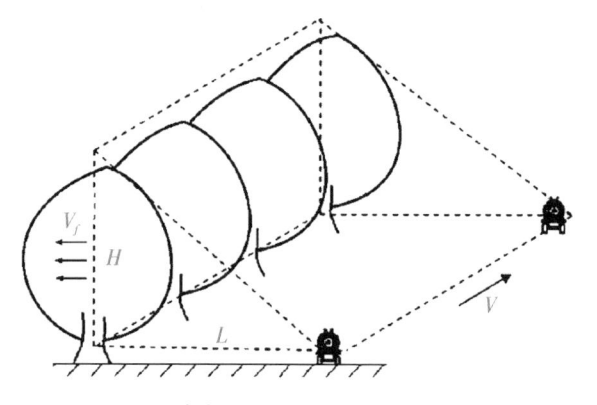

图20 风送喷雾风量置换原则和末速度原则

图中，V为喷雾机作业速度，单位为m/s；L为喷雾机离树的距离，单位为m；H为树高，单位为m；V_f为贯穿喷雾冠层气流末速度，单位为m/s。

"置换原则"为喷雾机风机吹出带有雾滴的气流，应能驱除并完全置换果树冠层喷雾作业空间所包容的全部空气，风机的风量需求可用以下公式计算获得：

$$Q = \frac{V}{2}HLK$$

式中，Q为风送喷雾风量需求，单位为m³/s；V为喷雾机作业速度，单位为m/s；H为树高，单位为m；L为喷雾机离树的距离，单位为m；K为考虑气流沿途损失而确定的系数，K值的选取与气温、自然风速和风向、果园冠层枝叶稠密程度等有关。

"末速度原则"喷雾机气流贯穿喷雾冠层时的末速度不能低于某一数值，也不能过高。末速度过低会导致冠层树叶难以翻转，药液沉积率尤其是在叶片背面的沉降率会大大降低。末速度过高气流会带着大量药液雾滴沉降到喷雾冠层外面和果园地面，造成环境污染和农药浪费。应选择的气流末速度使被喷雾的冠层出口处气流能够持续翻转树叶以使药液在叶片正反面均匀沉积且沉积量近似。

风量需求"置换原则"和风速需求"末速度原则"可以指导风送喷雾机研制，为其提供参数估算方法。"置换原则"风量需求计算中用系数K调节气温、

223

自然风速和风向、果园冠层枝叶稠密程度等因素对结果的影响，而该系数的影响因素太多，需要进一步深入研究，探寻主要影响因素及影响规律。"末速度原则"指出了末速度的基本要求，但用其指导计算喷雾机气流速度控制还不够，还需要研究末速度与果树种类、枝叶特点和枝叶稠密程度的关系，研究气流在空中和果树冠层内损失特性和计算方法，进而为风送系统气流速度需求计算和在线控制提供数学方程支持。

3.4.2 风场与雾场分布建模方法

风送喷雾风场建模研究主要包括计算流体力学（computational fluid dynamics, CFD）风场模拟和实验室或者田间风场测量试验建模研究。即通过CFD仿真技术对风送喷雾机外部空间进行了风场模拟，建立风场变化模型（图21），并通过试验验证模型。

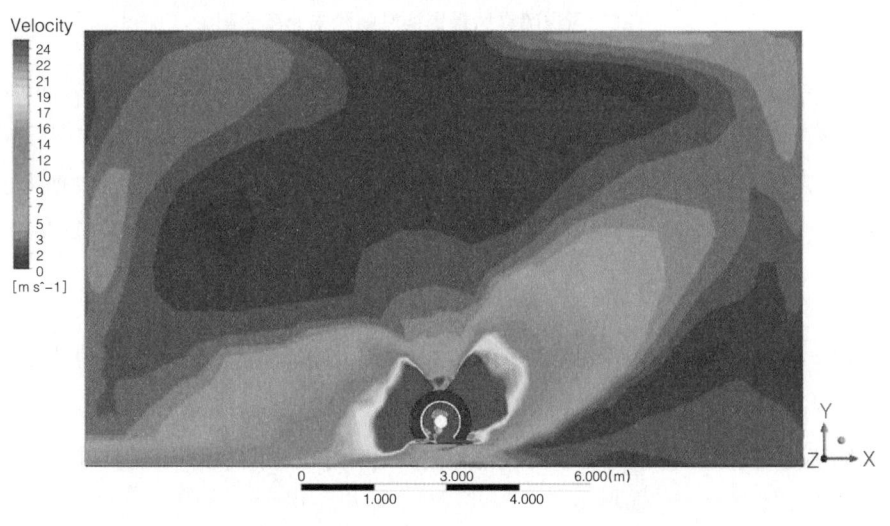

图21　基于CFD技术进行风送喷雾机后端风速模拟

目前风送喷雾风力调控方法的研究主要针对喷药机的风力调节技术与装置、风送风量需求和风雾场分布的建立方法等较多，针对冠层外风场研究较多，对果树冠层内的研究较少。风送喷雾机风送力度不是越大越好，风力过大容易造成药液飘移，雾滴穿透果树冠层，在果树上沉积不足，污染环境；风力过小风送力度不够，雾滴沉积不到冠层内部，达不到喷雾目的。通过CFD仿真技术结合专用风速测量系统实验室或果园试验研究，可为空间风场动态建模提供支持。喷雾过程中实时根据果树冠层尺寸和冠层生物量等参数确定合适的风送风力，使雾滴能够透过冠层表面沉积到冠层内部，达到有效防治和预防病虫害的施药目的。

3.4.3 风力调控方法与装备

风送喷雾风力调控方法与装备受到国内外研究学者的广泛关注。风力三要素中，风向的调控主要采用风箱的旋转和导流板角度调节来实现，风速风量的制主要通过改变出风口面积、进风口面积和风机转速等方法实现。图22为在普通风送喷雾机出风口增加遮挡板改变出风口面积实现风送风力调节。

a 出风口全关闭　　　　　　　　　b 出风口全打开

图22　基于出风口面积变化调控风送气流风速风量

目前研究学者设计的风速风量调节装置，大都为单一的调节结构，其优点是机械结构和调控系统均相对简单，但存在的问题是风速和风量调节是相互耦合的，无法实现风速和风量的独立控制。常见的三种调节结构其对风速和风量调节关系如表2所示。从表中可以看出，单一的出风口面积调控方法，风速和风量变化方向相反；进风口面积调控方法和风机转速调控方法，风速和风量成正比例关系。上述任一种单一的调控方法，风速和风量调节都存在耦合关系，该耦合关系不利于风力调控。例如在对靶喷雾过程中，探测出果树树冠特征发生了变化，冠层体积变小而枝叶变得更稠密，风送喷雾需要高风速低风量，需对风速和风量进行独立控制。为了实现风速和风量独立调控，未来需要研究单一方法的调控规律，并进一步研究两种或者多种方法组合的新的调控技术。

表2　风速风量调控方法与调节关系

调控方法	调节方向	风速变化	风量变化
调节出风口面积	减小	稍微增大	减小
调节进风口面积	减小	减小	减小
调节风机转速	减小	减小	减小

与药量调控方法相比，该方面的研究还不够深入，距离实用化和产品化要求还有较大距离。风速风量需求理论原则还需要考虑靶标特征在内的多因素影响规律，风场雾场快速建模方法有待在果园实际应用中进一步优化完善，风速风量调控技术尚需研究风速风量去耦化方法进而研发实用的风力调控装备。

作者简介

　　翟长远，博士，国家农业智能装备工程技术研究中心研究员，精准施药部副主任，美国俄克拉荷马州立大学博士后，美国康奈尔大学访问学者，美国 Kentucky Science and Engineering Foundation 科研项目评审专家，*Artificial Intelligence in Agriculture* 期刊编委。陕西省青年科技新星，美国农业生物工程师学会会员，海外华人农业生物工程师协会会员，中国农业机械学会青年委员会副主任委员，先后主持国家自然科学基金2项、科技部"863"子课题1项等12项科研项目。发表科技论文50多篇，授权专利30多项。

　　专业特长：智能农机装备尤其是果园精准喷雾技术与装备研究。

柑橘无病毒容器苗繁育、质量管理及栽植技术

西南大学/国家柑橘苗木脱毒中心　卢志红

编者按

"良好的开端是成功的一半"，应用无病毒容器苗，是实现柑橘建园安全、早结丰产的关键一环，关系一个种植园甚至一个区域柑橘产业发展的成败。近年来柑橘产业经历着空前的大规模发展，苗木市场异常活跃，然而，无病毒柑橘苗木的规范培育和业界对柑橘无病毒苗木的认知，亟待普及专业而准确的知识体系。本文作者卢志红，为高级农艺师。是国家柑橘苗木脱毒中心一级采穗圃副主任，长期致力于柑橘优新品种及其无病毒苗木适应性的研究与实践，参与过数百万株柑橘无病毒柑橘苗木繁育与推广。她的网课《柑橘无病毒容器苗繁育、质量管理及栽植技术》为大家系统讲解了柑橘无病毒苗木的涵义，无病毒容器苗的特点、繁殖技术、引种的规范程序，优质安全的苗木标准以及容器苗的定植技术，可为苗木繁育者繁育合格苗木提供借鉴，也为消费者选购优质合格无病毒柑橘苗木提供依据。

一、柑橘无病毒苗木的含义

市场上对柑橘苗木有多种称谓，归类如下：无病毒苗、无毒苗、脱毒苗、无病苗、常规苗等，这几种称谓属于苗木的内在质量。还有如容器苗、桶装苗、袋装苗、大田苗、裸根苗等，讲的是苗木的繁殖方式。从对柑橘苗10余种的称谓可以看出，大家对于苗木的涵义是模糊的、不精确的。

柑橘嫁接苗的定义是采用特定品种接穗与砧木嫁接后培育而成的苗木。现在市场上所能购买到的合格柑橘容器苗主要有2种。第一种（大多数柑橘苗）是：无国家检疫性病虫害的"合格嫁接苗"，"合格嫁接苗"应符合《GB 5040—2003 柑橘苗木产地检疫规程》和《GB/T 9659—2008 柑橘嫁接苗》中的出圃苗木质量指标。GB是强制性文件，而GB/T则是推荐性文件，苗木质量也可买卖双方协商确定。第二种是柑橘无病毒苗木（目前市场占比较小）：现阶段的要求是达到上述柑橘合格嫁接苗标准外，还要求苗木不带黄龙病、裂皮病、碎叶病、衰退病等病毒病，符合柑橘无病毒苗木繁育规范（NY/T 973—2006）相关规定。

大多数的检疫性或病毒类病害具有隐藏性，即使种源带病毒，很多在苗期也不表现症状，栽种几年后又会逐渐显现，影响生产。如裂皮病、碎叶病、衰退病、黄龙病等，而且这些病害都可随苗木和接穗传播，一旦拥有，终身携带。只有黄化脉明病可能会在苗期表现，其他几种苗期一般不表现症状。

两个例子：春见苗木携带碎叶病毒，栽种2—3年后部分开始倒生长，叶面黄化，砧穗接合部可以较容易的扳断，树体再也长不大。脐橙苗木带有衰退病，已经栽种10多年，株高不到1.5 m，严重影响产量。由此可见病毒病对柑橘生产影响还是很大的。因此，安全建园、早结丰产的最佳选择是：无病毒容器苗。

二、柑橘无病毒容器苗的繁育技术

无病毒柑橘嫁接苗需要由无病毒的砧木和接穗组合而成。（图 1）是无病毒柑橘苗木生产流程示意图。红色字体标记为繁殖无病毒柑橘苗必备的两园三圃。

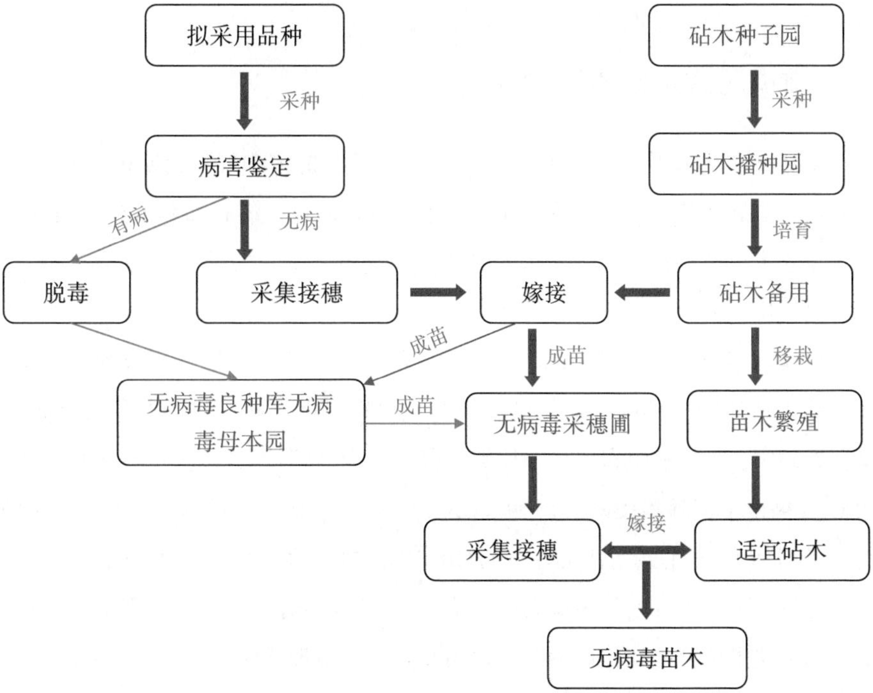

拟采用品种 →（采种）→ 病害鉴定
砧木种子园 →（采种）→ 砧木播种园

病害鉴定 →（有病）→ 脱毒
病害鉴定 →（无病）→ 采集接穗

砧木播种园 →（培育）→ 砧木备用

采集接穗 → 嫁接 ← 砧木备用

脱毒 →（成苗）→ 无病毒良种库无病毒母本园
嫁接 →（成苗）→ 无病毒良种库无病毒母本园

无病毒良种库无病毒母本园 →（成苗）→ 无病毒采穗圃
嫁接 →（成苗）→ 无病毒采穗圃

砧木备用 →（移栽）→ 苗木繁殖

无病毒采穗圃 → 采集接穗
苗木繁殖 → 适宜砧木

采集接穗 ←（嫁接）→ 适宜砧木

采集接穗 → 无病毒苗木

图 1　无病毒柑橘苗木生产流程示意图

2.1 无病毒（种源）接穗的生产

拟采用的品种经病害鉴定，有病的，根据不同病的种类，采用茎尖嫁接或茎尖嫁接加热处理等方式进行脱除，脱毒成功之后的品种进入无病毒良种库和母本园保存。同时扩繁建成无病毒采穗圃。如果我们拟采用的品种经病害鉴定后没有无病毒苗木规定的那些病害，就可以直接采穗嫁接进入无病毒良种库，扩繁成无病毒采穗圃，采穗树要结合季节多修剪，不能让树体结果。

2.2 无病毒砧木的繁殖

过去大家以为砧木种子不带毒，毫无顾忌的引砧木种子繁殖苗木，甚至到疫区采种，这样反而增加了检疫性病害的风险。现阶段，我国砧木种子园的建立和管理还不够规范，商品化的砧木种子园也很少，育苗企业要重视这一个生产环节。很多种子来源于田间地头、绿篱、贫瘠零散地等，不能保证种子产量和质量，需要建立专门的种子园。砧木种子需完熟采收，阴干备用。

砧木苗木繁殖最好是在避雨设施内完成，如果是露天或露地播种，也要单独建园，使用消毒土壤。砧木苗木繁殖我们推荐使用播种器，第一种较大，口径5~8 cm，高20 cm，可培育砧木达到嫁接标准。第二种和第三种，播种器稍小，上口3~4 cm，高15 cm，第四种是更小一点的育苗盘，这几种需要在砧木后期进行移栽。这样用播种器单株栽植（点播）和疏松的营养土培育的砧木苗，苗木健壮、减少病害、出苗率高，而且培育的砧木可完整取出，不伤根系。

播种覆土后至砧木移栽前，保持土壤适当干燥，做到"见湿见干"；发芽后每周水施浓度0.5%左右的肥液，嫩苗期防治立枯病、炭疽病、柑橘红蜘蛛、柑橘凤蝶等。砧木木质化后即可移栽至育苗容器（钵），砧木随取随用。移栽前1~2天浇透水，分级起苗，分区移栽。淘汰根颈或主根弯曲苗、病虫苗、弱小苗等。

采用无病毒的接穗和无病毒的砧木苗就可以繁殖成我们的无病毒苗。值得注意的是：苗木繁育前，要有充足的接穗和健壮的砧木计划，不要因为抢时节而东拼西凑（或临时采购）接穗或砧木，造成病害风险。

2.3 嫁接苗管理

生产材料无毒化后，技术操作规范才能保证培育真正的无病毒苗木。嫁接前嫁接工人和工具用浓度为1%次氯酸钠液或浓度为0.5%的漂白粉溶液进行消毒。无病毒嫁接苗的嫁接管理与常规嫁接方式方法、时间等都相似。嫁接部位高度为10 cm以上，有些地方要求15 cm以上。我国应用最广泛的小芽腹接，以夏秋季时节为主，可嫁接时间长，当年愈合，第二年萌发整齐、生长快且健壮。春季和冬季末以切接为主，切接后覆盖薄膜保成活。春季亦可采用倒"T"嫁接，这种嫁接方式的愈合和成活很好，现应用较少。嫁接后及时挂上标签，标明砧木、接穗、日期、嫁接人和天气等。

苗木刚抽发时容易感染炭疽病等真菌病害，喷药物预防，同时预防蜗牛、凤蝶、红蜘蛛等的危害。容器苗根系生长的空间固定且狭小，每次水要浇透，表皮干燥后再浇水。肥料结合灌水施入，浓度0.5%左右复合肥和氮肥为主，补充中微量元素。为塑造合理树形，减少栽种过程中的病虫害，苗木培育时，应及时确定主干，除萌时主干只保留一个枝条，苗木高50~60 cm处摘心，随时抹除主干上的萌芽。对于生长较快、枝条较软、易倒伏的品种，应在第一次稍老熟后，在苗木倒伏的反向进行立柱扶正，随苗木增高不断捆绑。

三、柑橘苗木的质量管理

很多人在苗木购买的时候没有头绪，不知道怎样购买到健康健壮的柑橘苗，下面从苗木采购程序、质量识别指标、苗木质量判定等方面为大家进行讲解如何选购苗木。

3.1 引种程序的合理合规

引进柑橘苗木（品种），不是简单的购买，需要合理合规的程序和手续，参照以下相关内容。

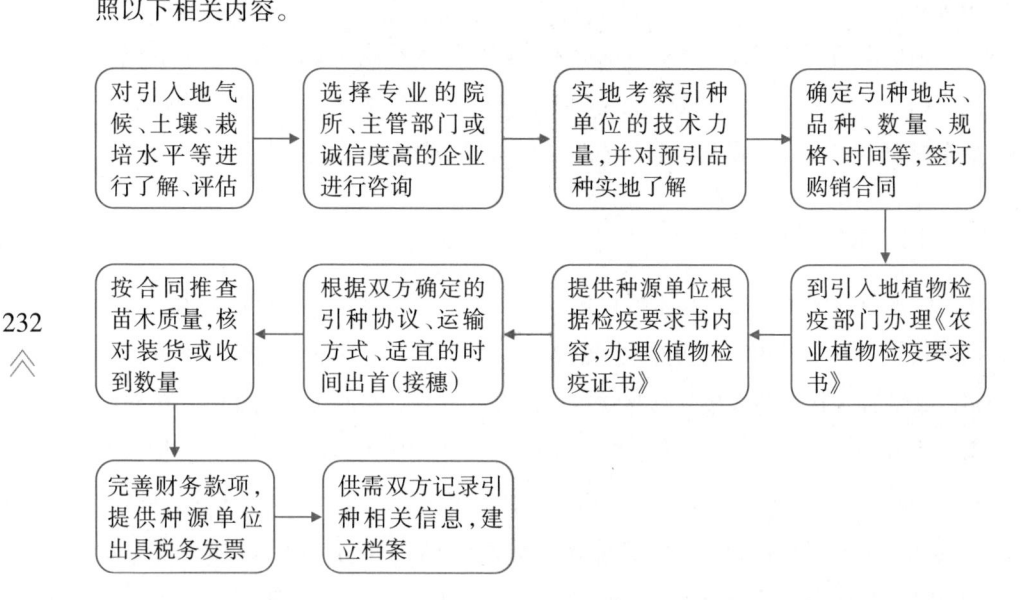

图2　引种程序

3.2 苗木质量的识别

严格按照引种程序依次进行之后，具体购买过程中对苗木质量的判定主要从有以下三个方面入手：保障性指标、隐性指标、显性指标。

3.2.1 保障性指标

保障性指标指育苗单位（企业）是否具备植物检疫相关的资格认证以及自身从事柑橘育苗的能力和规范程度等。

（1）植物检疫

获取植物检疫证是购买苗木的必要内容之一，植物检疫是保证柑橘苗木没有检疫性病虫害的具有法律效力的保障措施。柑橘苗木的繁育单位或个人，必须填交产地检疫申报表，经当地植物检疫机构审核同意后方可进行繁育，是苗木繁育企业（单位个人）繁育苗木的准入门槛。植物检疫人员在苗木夏梢转绿后、秋梢转绿后和出圃前进行产地检查。对苗圃周围柑橘园的蛆果和苗圃内挖到的虫蛹要仔细检查，必要时待虫蛹羽化后再进行室内鉴定。在全面目测检查的基础上，用随机取样法检查（取样10个以上）。苗木在1万株以下查全部，1万株至10万株查30%，10万株以上查15%。记录检查结果，填写产地检疫田间调查记录表。程序完备之后，管理单位才能签发检疫证。

（2）供苗单位资质、实力和管理档案

育苗单位（企业）是否具有从事柑橘育苗的专业能力，购买者可以从单位的相关信息加以佐证。包括育苗单位成立的时间、经营范围、承担风险能力、业界诚信度等。育苗基地大小、播种圃、采穗圃、设施设备，苗木生产、销售架构，专业技术人员层次和数量和技术支撑等。品种接穗来源，砧木繁殖记录，田间管理日常和要求，苗木区域管理，销售记录档案等。管理越严格，诚信度越高，技术力量越强，操作越规范，培育无病毒苗木的可信度越高。

3.2.2 隐性指标

柑橘苗木是鲜活的生命结合体。危险性或常见病毒、类病毒病害，植株营养成分、品种纯度，砧木种类，砧穗组合等因素，在柑橘苗期没有明显的症状或对苗木质量本身的影响不大，但会对苗木栽植后影响巨大。特别是检疫性病害和危险性病害，如黄龙病、溃疡病、衰退病、碎叶病、裂皮病、温州蜜柑萎缩病等，苗期基本不显症。

隐性指标还包含品种纯正（度）问题，类似春见（耙耙柑）—大雅柑—明日见这三个品种，叶片和长势很相似，购苗者难以目测识别；建阳橘柚（甜春橘柚）—春香—黄金柑品种名称混杂，购买时要明确自己真正需要的品种。如果在购买过程中心存疑虑，可以针对某一方面送到专业机构进行检测。

3.2.3 显性指标

苗木的显性指标是指可以用眼睛和测量工具等进行判定的指标。主要包含植株粗度、高度、叶片多少与颜色、根系数量和颜色、病虫害危害程度等。

苗木高度指土面至苗木顶芽的长度；苗木径粗是嫁接口上方 2 cm 处的主干直径最大值，具体指标标准可参考柑橘嫁接苗分级标准（GB/T 9659—2008）。嫁接口高度（>10 cm）是从土面至嫁接口中央的长度；土面至第一个有效分枝处的长度为干高；砧穗结合部曲折度（≤15°）用量角器测量接穗主干中轴线与砧木垂直延长线之间的夹角。

柑橘容器苗主要的优势之一就是根系发达、须根多，主根不弯曲，起苗移栽的时候不伤根。选择苗木时，我们购买苗木时，一定要打开容器查看根的数量，同时更应该看看它的颜色，正常根的颜色为白色、黄白或淡黄色。俗话说：白根有劲，黄根保命，黑根有病，灰根要命。我们可以根据跟的颜色判定植株是否健康。

表1 柑橘嫁接苗分级标准（GB/T 9659—2008）

种类	砧木	级别	苗木径粗 (cm)	苗木高度 (cm)	分枝数量 (条)
甜橙	枳	1	≥0.9	≥55	≥3
		2	≥0.6	≥45	≥2
	枳橙、红橘、酸橘、香橙、朱橘、枸头橙	1	≥1.0	≥60	≥3
		2	≥0.7	≥45	≥2
宽皮柑橘、杂柑	枳	1	≥0.8	≥50	≥3
		2	≥0.6	≥45	≥2
	枳橙、红橘、酸橘、香橙、枸头橙	1	≥0.9	≥55	≥3
		2	≥0.7	≥45	≥2
柚	枳	1	≥1.0	≥60	≥3
		2	≥0.8	≥50	≥2
	酸柚	1	≥1.2	≥80	≥3
		2	≥0.9	≥60	≥2
柠檬	枳橙、红橘、香橙、土橘	1	≥1.1	≥65	≥3
		2	≥0.8	≥55	≥2
金柑	枳	1	≥0.7	≥40	≥3
		2	≥0.5	≥35	≥2

图3　**柑橘容器苗的根**（左：健康的根，右：不正常的根）

四、容器苗的栽植技术

为更大发挥无病毒容器苗的优势，在定植方面应注意以下几点：

4.1 园地选择

无病毒苗不是抗病毒苗，在田间会通过风雨和虫类等传播。果园选址参照《GB 5040—2003柑橘苗木产地检疫规程》苗圃基地选址要求：首选在无检疫性有害生物地区。在柑橘黄龙病发生区，园地为平原，周围3 km以上无柑橘类植物；园地在山区、大河、湖泊等有自然屏障的地区，周围1.5 km以上无柑橘类植物；具有防虫网的室内封闭式育苗，防虫网进出口具有缓冲隔离间。在柑橘溃疡病发生区，周围1 km以内无柑橘类植物。

4.2 定值季节

容器苗在大多数地方可以周年定植，但要获得较好的栽植效果，应选择合适的季节。华南大部分地区气候温和，四季均可栽植，但以春秋最适宜。冬季有霜冻低温地区，如湖南、湖北、江西、浙江等，宜在春季萌芽前栽植，如冬季较温暖，春秋季都可种植。云南四季如春，柑橘苗木定植最好选择雨季。

<7.2℃	9℃	12℃	19℃	23～31℃	37℃	>42℃
根系失去吸收能力	根系仍能吸收氮素和水分	根系开始生长	根系生长衰弱	根系生长发育和吸收状态最好	根系生长极微弱	根系出现死亡

图4　**根据土温选择栽植时间**

4.3 定植穴

果园经过改土之后，基本达到上述适宜柑橘生长的要求，就可直接定植；如果土壤状况还有一定差距，可挖一个直径约 30～60 cm，深 40 cm 的定植穴，酌情增加腐熟的有机质材料和营养元素，与原土混合备用。添加了未腐熟有机肥的定植穴，高温季节应该放置至少一个月再定植，以免烧根。

4.4 定植方法

（1）修剪定干，解除嫁接口残留绑缚薄膜，剪去未老熟枝叶、病虫枝和过长主根，根据苗木高度，留主干高 40～60 cm，短剪末次枝梢。

（2）轻捏或轻拍容器，从容器中取出苗木（如果育苗桶内土壤太干燥，需灌水后再取苗）。去除基部和外围约 1/3 土壤，使外围根系露出和舒展。

（3）以定植穴为半径做 30 cm 左右灌水施肥盘，高于土面 15～20 cm（禁止窝头状）。苗木放入定植穴，保持苗木出土面与土面持平，不能掩埋嫁接口。用细土填实定植穴底部和四周，边填土边将根系理开、放平和保持舒展状态；定植穴的土壤填满后踏实，浇足定根水，覆盖保墒。

4.5 栽植后管理

苗木栽植后，及时定干或立柱扶正新定植苗木，观察水分情况，温度回升后及时浇灌。定植半个月后可以施用稀薄水肥，注意防治红蜘蛛和其他病虫害。每个果园区固定管理人员、工具专用。

作者简介

　　卢志红，西南大学柑桔研究所（中国农业科学院柑桔研究所）高级农艺师，国家柑橘苗木脱毒中心一级采穗圃副主任，长期致力于柑橘优新品种及其无病毒苗木适应性的研究与实践，参与过数百万株柑橘无病毒柑橘苗木繁育与推广。在负责苗木繁育推广的同时，接待来自重庆、四川、湖南、湖北等柑橘主产区的专家、学者、大中小学校学生和业界人士的来电、来访上万人次，参与柑橘产地室内与田间培训近百场次，培训人员数千余人次。

　　专业特长：柑橘优新品种的生产管护，柑橘无病毒苗木的生长适应性研究与实践。

柑橘无废弃加工技术与应用

重庆市农业科学院农产品加工研究所　尹旭敏

编者按

柑橘是世界第一大水果，我国是柑橘生产大国，种植面积和产量均居世界首位。然而，我国的柑橘加工业还处于起步阶段，用于加工原料的柑橘比例不足5%，远远低于巴西的90%（用于橙汁加工）和美国的70%（用于橙汁加工），而且加工品主要是传统的柑橘汁、橘瓣罐头和橘皮蜜饯等，精深加工产业链的增值空间巨大。

本文作者尹旭敏是重庆市农业科学院农产品加工研究所副研究员、重庆市科技特派员、果酒创新联盟特聘专家，致力于果蔬发酵及副产物综合利用研究多年，在柑橘、草莓和桑椹等果酒的工艺优化与产品开发，柚子系列产品开发等方面开展了一系列研究。她在网课《柑橘果实综合利用》中详细介绍了利用柑橘开展塔罗科血橙果酒、柚子白兰地酒、蜂蜜柚子茶和柚子果脯等加工的工艺及注意事项，这些轻简化的柑橘加工实例，投资成本不高、市场潜力很大，如果能大面积应用推广，可有效延长柑橘产业链、提高产业附加值、降低柑橘鲜果市场风险，对于助推乡村产业振兴具有非常重要的现实意义。

一、柑橘产业概况

1.1 国内柑橘产业概况

据最新的中国统计年鉴数据，2020年全国柑橘种植面积4243.3万亩，同比增长8.19%，产量5121.9万吨，同比增长11.72%。2020年西部园林水果主要品类按产量排名分别为柑橘（2446.7万吨）、苹果（1979.8万吨）、葡萄（677.4万吨）、梨（573.8万吨），分别占全国47.77%、44.93%、47.32%、32.21%、44.68%。可见，无论是种植面积还是产量，柑橘在我国整个水果产业的份额都排在首位。

1.2 重庆柑橘产业概况

重庆主要种植的水果有柑橘、李子、梨、桃、葡萄、枇杷、猕猴桃、桂圆、杨梅等，而柑橘的种植面积占到整个水果产业的58.01%，产量占水果总量的66.32%，稳稳地排在了第一位。

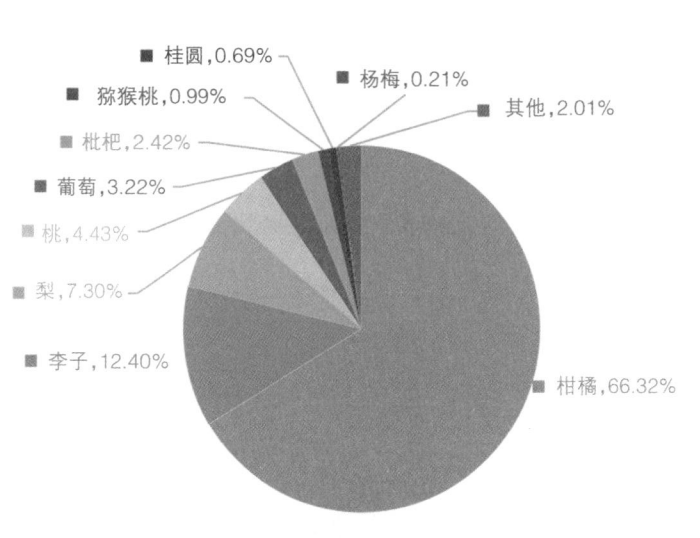

图1　重庆市主要种植水果占比

随着产业的发展壮大、消费者对消费品质的不断提高，等外果的比重依然很大，占到总产量30%，这部分水果如何增值利用，是我们一直在思考的问题。

重庆柑橘主要分布于万州、忠县、奉节、潼南等长江沿岸的各个区县，这些区县同时也是重庆市委乡村振兴示范点，在这些区县发展加工业，既可提高等外果的附加值，又可以有效助推一二三产业融合发展，助力乡村振兴，因此，具有重要的现实意义。

1.3 柑橘加工概况

我国最传统的柑橘加工品是橘瓣罐头，随着市场多元化的发展，人们对营养健康的追求，橙汁、橙汁饮料和NFC橙汁产品逐步被引进和开发。受制于柑橘原料果的规模化与劳动力成本升高，NFC橙汁的价格便居高不下，一般老百姓难以接受，橙汁产业的发展一直不温不火。伴随着近些年快速崛起的现代物流业发展，鲜果几乎能配送到全国各地的老百姓手中，这样的环境形势导致橘瓣罐头的消费量逐年下降、NFC橙汁产业规模发展不起来，加工业消耗柑橘鲜果特别是等外果的能力非常有限。

近年来，随着生物技术的发展，研究人员在传统加工品的基础上，以产品提档升级、产业链延伸和产业附加值增加为目标，通过技术集成，开发出了水果营养酵素、果醋、果酒等系列产品，丰富了市场消费品类，更迎合了年轻人的消费需求，正在无形中推动着柑橘产业的发展。

二、利用塔罗科血橙生产果酒

果酒一般指以水果、果汁（浆）等为主要原料，经全部或部分酒精发酵酿制而成的，含有一定酒精度的发酵型酒。

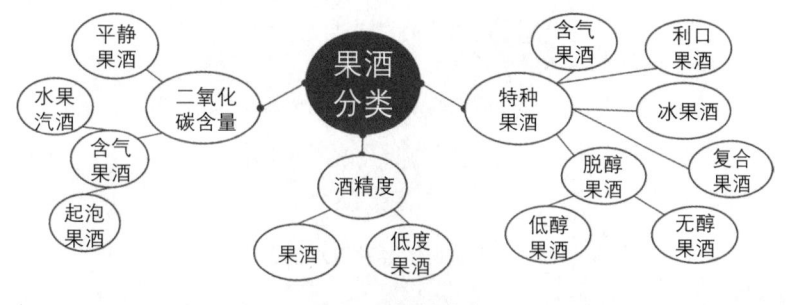

图2　果酒的分类

2020年8月，国家发改委向社会征求关于《西部地区鼓励类产业目录

（2020年本）意见》，2021年3月1日正式实施。"果酒制造"被列入西部地区新增鼓励类产业中，建议西部地区，特别是水果资源丰富的省份，因地制宜，大力发展果酒制造业，将果酒产业作为优势产业，助力乡村振兴。

塔罗科血橙果皮较薄、籽粒很少、出汁率高（40%～50%），除含有其他柑橘品种的类黄酮、柠檬苦素等物质外，还含有大量的花青素（具有抗氧化、防止心血管疾病、防癌等作用），用血橙酿造出来的柑橘果酒，苦味较低，色泽亮丽，备受消费者喜爱。

2.1 工艺流程

塔罗科血橙→检验→分选→清洗→榨汁→果汁（添加SO_2）

果皮

→成分调整→接种→发酵→倒灌→后发酵→下胶→过滤

→陈酿→调配→膜过滤→灌装→成品

2.2 技术要点

2.2.1 原料

血橙果酒的原料应选用相对成熟的塔罗科血橙鲜果，果子大小均可（但要结合榨汁设备的实际考虑是否需要分级），以固形物含量≥13.0%，色泽紫红的酿酒原料为最佳。原料果的采摘一定要选择晴天，采摘后，应及时将果子存放于干净、阴凉、通风良好的地方，周围禁止存放有异味的杂物，以避免因环境异味影响果酒的风味。

图3　塔罗科血橙

2.2.2 检验、分选、清洗

采摘好的原料，按照企业的内部原料质量标准验收，检测农残，去除腐烂、机械损伤的果实及树叶等杂物，然后进行清洗。

清洗的目的是去掉表面的微生物、霉斑、灰尘等杂质。根据企业的规模，可以选择气泡式清洗机、平行毛辊式清洗机、人工刷洗等清洗方式。

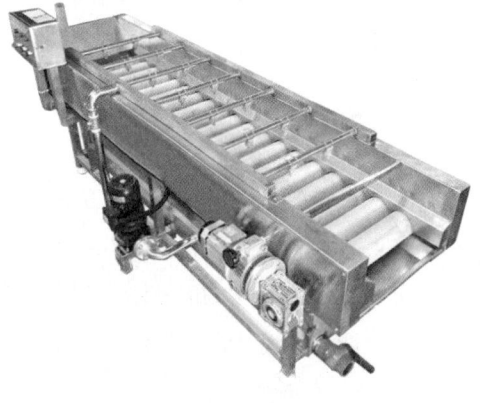

图4　气泡式清洗机　　　　　　　图5　平行毛辊清洗机

2.2.3 榨汁

榨汁是用机械的方式将果实中的果肉、果汁榨出，目前用得比较多的小型化榨汁装备主要有对辊式榨汁机、单杯榨汁机和剥皮榨汁机等：

（1）对辊榨汁机适合规模较小的企业或家庭式作坊，成本低、操作简单。

（2）单杯榨汁机适用于规模较大的企业，企业可以根据生产规模的需要选择多个单杯榨汁机连接起来使用，并与分选、清洗等设备连接，形成自动化程度较高的榨汁生产线，生产效率高，成本相对也较高。

（3）剥皮榨汁机是集去皮、榨汁为一体的榨汁设备，不需要进行分级处理，产量可达每小时8～10吨，它也可以与清洗机、输送带等设备连接形成自动化程度较高的榨汁生产线。

榨汁机的选择非常关键，一定要根据果实特性和生产规模选择适当的榨汁机，以保证生产效率和避免果汁中混入果皮的油胞，从而影响后期果酒的产量和品质。

2.2.4 加入偏重亚硫酸钾

破碎的果汁应及时加入偏重亚硫酸钾，防止氧化褐变，同时偏重亚硫酸钾

图6 对辊式榨汁机   图7 剥皮榨汁机

也起着杀菌的作用。

重亚硫酸钾的添加方式，可采用喷淋法，或随果汁一起泵入发酵罐中。

2.2.5 果胶酶

果胶酶可以澄清果汁并提高出汁率，一般在水果破碎后添加。果胶酶的添加量可以参考说明书的指导，或者做酶解试验来确定最小酶制剂用量。

2.2.6 成分调整

榨汁后，应该测定一下果汁的固形物、pH值等指标。

鲜食水果的果汁，含糖量一般都比较低，因此，需要根据目标果酒的酒精度添加糖源，以增加果汁的糖含量。而具体添加哪一类糖源，需要结合企业需求和产品特性确定，一般添加白砂糖、果葡糖浆、脱酸的浓缩果汁和蜂蜜等。塔罗科血橙的pH值一般在3.5左右，比较适合酿酒，如果果汁的酸度太高或者太低，对发酵都有影响，一般要进行调整酸度，pH值在3.6左右比较合适。

2.2.7 接种

目前，生产上通常使用活性干酵母来发酵水果酿造果酒。

接种前，先估算要发酵果汁的体积，一般推荐酵母的接种量为200～400mg/L，根据要发酵果汁的体积计算出活性干酵母用量。然后量取10倍于酵母体积的软化水（或者纯净水），加入到合适的容器中烧开，待水冷却到38～40℃（冷却的过程中放入5%的白砂糖或者果汁）时放入活性干酵母。

活性干酵母应缓慢撒到水面，边撒边缓缓搅动水面，以充分浸润酵母，防止形成一团。

等酵母完全活化后，倒入待发酵的果汁中进行发酵。如果发酵果汁温度与

243

活化后酵母混合液温差超过10℃，需要缓慢的在活化后的酵母混合液中加入相同重量的果汁，使其均匀混合10分钟后加入到发酵罐中。

2.2.8 发酵

发酵的温度一般控制在18～25℃，每天进行一次开放式循环。打循环的目的一是利于发酵产生的CO_2及时排放出去，二是将上浮的皮渣进行一个翻转，以便皮渣中的营养、风味物质能更好地释放到酒体中。

2.2.9 倒灌、后酵、下胶

一般发酵结束，就可以渣液分离，进行倒灌。倒灌的目的是除去死酵母、酒渣等沉淀，使酒体得到澄清。

发酵桶的上清液可以直接虹吸到一个干净的同体积大小的桶中，这部分酒的质量比较高，作为好酒进行陈酿。底部浑浊的液体就需要压榨才能将渣液分离，压榨出来的汁液悬浮固形物含量相对较多，浑浊、味苦，需要多次澄清。

压榨酒在陈酿后需要与上清液的酒进行调配，以弥补压榨酒的缺陷。

果酒分离后就要进行下胶处理，下胶的目的主要是除去一些影响果酒感官特性的成分，如一些色素、蛋白的聚合物、产生苦味的多酚类物质、果胶纤维等大分子物质，增加果酒的澄清度和光泽度。下胶剂主要有皂土、明胶、蛋清粉、植物蛋白、PVPP等。

下胶前应进行试验，以下胶用量最少，下胶效果最佳的为好，一般下胶15～30天后进行过滤。

过滤的设备可采用硅藻土过滤机或者错流过滤机。

图8　硅藻土过滤机　　　　　图9　板框过滤机

2.2.10 陈酿

新酒通常含有比较多的杂质，而且内含物的比例不协调，有一定的刺激性，口感不好，因此需要贮藏一段时间，即进行陈酿，陈酿的时间一般在6—12月。陈酿让酒体进一步地酯化、缩合和聚合，让酒体澄清的同时，香味也会越来越好。

果酒尤其是鲜食水果酿造的酒，比较脆弱，容易被氧化褐变，因此果酒在陈酿期间温度要保持在15～20℃，气温高的环境最好用保温罐贮酒，贮藏的罐体一定要满罐存放，否则会增加氧化、杂菌污染的风险，导致酒体浑浊、挥发酸升高。陈酿期间一定要通风避光，后期一般每隔一段时间（一般夏天2个月，冬天3个月）倒灌一次，并定期测定果酒的挥发酸、游离的SO_2、pH值和总酸等含量，防止酒体劣变。

陈酿后，一款好的果酒，在色泽、风味和口感等方面应该具有以下特点：

（1）色泽：亮丽、减少氧化褐变。

（2）风味：有突出果酒的本身香味。

（3）口感：醇正、柔和、无异味。

2.2.11 调配、灌装

由于气候、栽培措施等差异，相同品种、不同批次的质量往往还是有一定差异，因此，酒在灌装之前要进行调配（勾兑），为了达到理想的调配目标，需要注意以下要点：

（1）正确选择原酒和辅料。

（2）调配人员要具备较好的评价果酒的能力、熟悉勾兑酒的类型、了解消费者的口味偏好。

（3）要分析酒的pH值、滴定酸含量、残糖、酒精度等，适当的调整糖度、酸度和酒精度。

（4）果酒调配是一项精细操作，要做勾兑试验、做好记录，以便后面能复用和进一步优化。

调配好的酒，要进行冷稳定性试验，确定是否要进行冷处理。如果需要冷处理，冷处理后要及时进行同温过滤。过滤的设备可选择错流过滤机、板框过滤机、硅藻土过滤机。

灌装果酒时，首先要对灌装车间、灌装机和玻璃瓶等进行清洗杀菌，杀菌有蒸汽杀菌和臭氧杀菌。一般地,车间空间用臭氧杀菌;玻璃瓶用浓度0.6~1 ppm的臭氧水杀菌;装瓶时涉及的贮酒管头用70%酒精擦拭;真空管路安装过滤装置以过滤微生物。

灌装时,如果条件允许,可以采用采用充氮或抽真空灌装,起到抗氧化作用。灌装高度应保持液面和瓶塞之间有15 mm的瓶内空间。

2.2.12 封装贮运

果酒罐装好后要进入陈酿库作短暂瓶储,库温应保持在12~15℃,库内具有良好的绝热性能,库内干净整洁,不受虫蛾侵袭,库内禁止使用或存放带气味的挥发性物质,以免影响果酒的风味。

瓶储结束、取出瓶装果酒时,要进行瓶身擦洗,并在套帽前检查瓶盖顶端是否干燥。为了防止因瓶塞潮湿造成套帽后瓶塞顶部空间孳生霉菌,建议使用帽顶有孔的套帽。需要注意的是,禁止使用含铅热缩帽。

果酒的运输温度宜保持在5~35℃,贮存温度宜保持在5~25℃,否则可能出现因温度太高而造成果酒漏瓶,对果酒品质也会造成不良影响。

三、将柚子"吃干榨净"

柚子是芸香科柑橘属植物柚树的成熟果实,平时主要用于鲜食,次果和占全果40%~50%的皮渣很多时候都当作垃圾处理,导致资源的极大浪费,而且很污染环境。下文介绍了几种柚子的轻简化加工技术:柚子白兰地酒、蜂蜜柚子茶和柚子果脯。

3.1 柚子白兰地酒及其加工技术

白兰地是英文"Brandy"的音译,该词来自于荷兰语"Brandewijn",意为"烧过的酒"。

白兰地是一种蒸馏酒,以水果为原料,经过发酵、蒸馏、贮藏、陈酿而成。以葡萄为原料的蒸馏酒称为葡萄白兰地,按国际惯例,白兰地特指葡萄白兰地。用其他水果制成的白兰地则需冠以水果的名称,例如苹果白兰地、樱桃白兰地等。

我国规定(GB 11856—2008《白兰地》):白兰地是以葡萄为原料,经过发酵、蒸馏、橡木桶陈酿、调配而成的蒸馏酒。

3.1.1 生产流程

柚子→清洗→去皮→果肉→榨汁→调配→发酵→蒸馏→陈酿→勾兑→回贮→冷冻→过滤→灌装。

通常，蒸馏出来的酒可以装入橡木桶或其他容器中陈酿，在橡木桶陈酿就是典型的白兰地酒，如果使用其他容器陈酿，严格地讲属于水果蒸馏酒。

3.1.2 操作要点

（1）发酵

发酵，按柚子果酒的发酵流程进行发酵，但在发酵的整个过程不能添加SO_2，因为SO_2会和乙醛结合成为复合物，蒸馏阶段会重新分解成为两种单体，并形成硫醇味，对白兰地的口感有不良影响。

（2）蒸馏

一般在发酵完成后，静置澄清20天左右即可开始蒸馏，尽早完成蒸馏，以防止污染。蒸馏的设备主要有壶式蒸馏锅（夏朗德式蒸馏锅）和塔式蒸馏锅。

壶式蒸馏一般要蒸馏两次，第一次蒸馏是将白兰地原料酒蒸馏得到酒精度为24% ~ 32%的粗馏原白兰地，然后将粗馏原白兰地进行第二次蒸馏，二次蒸馏的速率更慢，需要12 ~ 14 h，蒸馏过程中要掐去1% ~ 2% voL的酒头和部分尾酒，只保留中间部分，即为原白兰地，此时的酒精度为70% voL左右。

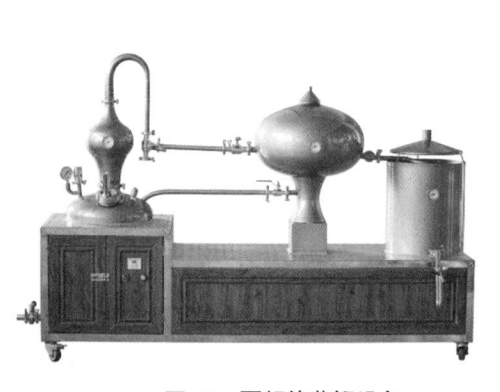 

图10　夏朗德蒸馏设备　　　图11　塔式蒸馏设备

塔式蒸馏经过一次蒸馏就可得到原白兰地，产出量较壶式蒸馏更大，可以实现连续化生产，蒸馏得到的白兰地酒，酒精度在70% voL左右，酒体里保留了更多的芳香物质，口感则更为粗犷，要比壶式蒸馏的白兰地需要更长的陈酿时间才能得到口感圆润的效果。

（3）陈酿

蒸馏得到原白兰地可以进入陈酿阶段，如果将原白兰地一直存放在玻璃瓶或不锈钢桶中，因为没有发生萃取作用，其中非酒精成分保持平衡，酒液的颜色为无色，所以这样的过程只是酒的成熟。

按照欧盟标准，白兰地要在橡木桶中储藏，如果橡木桶的容量在1000 L以下，至少需要6个月，根据产品的特性或者产地控制的酒，储藏的时间有1~2年。当白兰地储藏在橡木桶中时，橡木桶中的挥发酚等进入原白兰地中，为了使白兰地进行适度的氧化，萃取出的物质比例适宜，通常是先将原白兰地放入新木桶中，然后再移到比较旧的橡木桶中，使白兰地中的燥热辛辣感消失，变得柔和圆润。

储藏环境的温度、湿度直接影响到原白兰地酒的酒精含量，理想的空气温度是12~18℃，湿度是70%~85%。

4）调配

调配是通过一定的工艺操作使装瓶产品获得最终的质量特征，其质量特征包括外观、嗅闻、品尝、触觉。

按照食品添加剂GB2760—2014规定的白兰地中允许添加的成分很少，主要有纯净水，糖或蔗糖，橡木桶或橡木液。

白兰地的酒精度一般很高，降低酒精度得到理想的度数，如果直接加蒸馏水可能会导致酒质量，比如新蒸馏出的原白兰地酒精度为70% voL，一般先将少量的原酒加水稀释，使其达到一个较低的酒精度，储藏一段时间后，再将稀释后的白兰地加入高酒精度的白兰地中，需要逐渐降低，使每次降低的酒精度为8% voL左右，每次降低后要及时过滤并储藏。

（5）冷冻、过滤和灌装

白兰地酒调配好后，要进行冷冻处理，以增加酒体的稳定性，一般在-18~-16℃下冷冻96 h后及时过滤，用板框过滤或膜过滤，然后检验合格后即可装瓶，即为成品，需要密封、避光、低温保存。

3.2 蜂蜜柚子茶及其加工技术

蜂蜜柚子茶富含L-半胱氨酸、维生素C、柚子酸、橙皮苷、柠檬苷、果胶、钙等，味道清香可口。经常食用可降火、抑制口腔溃疡、降低血液的黏稠度，减少血栓的形成，同时兼具美白祛斑、嫩肤养颜功效。

图12　**蜂蜜柚子茶**

3.2.1 加工流程

$$\begin{cases} 果肉 \rightarrow 打浆 \\ 柚子 \rightarrow 清洗 \rightarrow 调配 \rightarrow 熬制 \rightarrow 冷却 \rightarrow 灌装 \rightarrow 杀菌 \\ 绿皮层 \rightarrow 切丝 \end{cases}$$

3.2.2 操作要点

（1）去皮、粉碎

削去青黄色硬而涩的表皮，留下白皮层及海绵层。然后，将柚皮粉碎成0.2～0.4 cm³的粒状，形成肉眼可见的柚皮，增加外观效果；柚肉粗打浆即可，用打浆机进行短时处理，粉碎柚果肉至肉眼可见果肉粒存在。

有的产品，企业将果肉连同白皮层、绿皮层一起搅碎。

（2）常压煮制浓缩

将柚皮：果肉按1：2的比例加入，再按白糖：果葡糖浆：蜂蜜为2：1：1的比例添加糖分，此外，在浓缩至终点前添加0.1%～0.3%柠檬酸、0.1‰～0.3‰羧甲基纤维素钠、0.1‰～0.3‰黄原胶和0.2‰～0.4‰结冷胶。

当熬制到用刮板刮原料呈流体状，可以缓慢流动但不会立即下滴时，为相对适宜的黏稠度。

（3）罐装、杀菌

熬制好的柚子茶要趁热灌装，要求每批产品出锅后30 min内完成分装和密封。

若装罐时酱体温度较低，则需要再杀菌处理。

杀菌一般有沸水杀菌和杀菌釜杀菌。若采用沸水杀菌，柚子茶封盖后立即投入沸水中杀菌10 ~ 15 min，然后逐渐用水冷却至罐温35 ~ 40℃为止。

灌装好的柚子茶颜色呈本身果酱的颜色，果肉、果皮碎粒均匀一致，呈透明果冻胶状，黏稠、不流汁；柚子茶酸甜可口，柚子风味浓郁，无焦煳味及其他异味；可溶性固形物总量达55% ~ 60%（以折光计）。

3.3 柚子果脯及其加工技术

柚皮中含有丰富的膳食纤维、柚皮甙及新橙皮苷等物质，具有解毒抗炎等功效。将柚皮进行深加工，制成人们喜爱的果脯，使废弃的果皮得到有效的再利用，具有重要的现实意义。

图13　柚子与柚子果脯

3.3.1 加工流程

柚子→清洗→去黄皮层（或不去）→切块→预煮脱苦→煮制、真空浸糖（浸糖）→烘干→包装→成品。

3.3.2 操作要点

（1）原料选择

选择白皮层较厚（柚皮厚便于切块和造型）的柚子果皮为原料，如巴南五布柚、广安白市柚、垫江白柚、丰都红心柚和梁平柚的柚皮。

（2）切开

柚子清洗后，是否需要削掉外皮层，因企业产品的技术规范而定。柚皮切成（3~4）cm×1 cm大小的条状，切块有切片机，微企也可以人工切块。

（3）预煮脱苦

水中加入0.5%~0.7%食盐预煮2次，每次换新鲜食盐水进行预煮，预煮时间3~5分钟，预煮后的柚皮原料放入清水中浸泡，换水2~3次，可明显减轻苦味，一般使用的设备为夹层锅和不锈钢桶。

（4）煮制糖渍

一般果脯产品根据糖含量的高低分三种类型：

①高糖果脯，白糖加入量控制在65%~70%，煮制时间1.0~1.5 h，柠檬酸添加量为0.1%~0.2%，加入时间为煮制结束前10分钟，浸糖24 h，产品糖度控制在60%左右。

②低糖果脯，白糖加入量控制在45%~50%，煮制时间1.0h左右，柠檬酸加入量为0.1%~0.2%。

③现代果脯配方，白糖加入量极少，可以选择一些替代糖来加工，添加量因替代糖的品种不同而不同，需要小试后再批量生产，这样既能掩盖柚皮的苦味，也能降低糖的摄入量，营养健康。

煮制糖渍操作需要使用夹层锅。

（5）烘干

图14　热泵烘干机　　　　　　　图15　热泵烘干房

将糖渍好的原料捞出，用开水热烫 1~2 次，沥干后摆放在烘盘上，送入烘房，55~65℃下干制到不粘手为度（水分含量在 28% 以下为宜）。

烘干设备选型很重要，有电热烘干机、热泵烘干机、热泵烘房、冷冻干燥机和微波干燥机等，但最常用也最节能的就是热泵烘干机，大点的企业可以选择热泵烘房。

（6）整形包装

烘干后的果脯进行整形，剔除黑点、斑疤等产品，产品具有浅黄色至金黄色，有弹性、不返砂、不流汤，具有透明感，甜酸适度，具有原果风味。

产品包装可用糯米纸进行初包装，然后放入食品袋、纸盒和塑料罐等作为商品销售。也可以用卷膜包装机进行独立包装，再分装为 250g 每包或者 500g 每包进行销售。

四、展望

柑橘是世界第一大水果，也是川渝最具特色的农业产业，重庆市农业农村"十四五"规划要求做大做强农产品加工业，这给长江两岸发展柑橘产业带来了很好的机遇。如果各地能结合区域特点，针对不同的品种、原料和品质，开展差异化、高附加值的柑橘加工品研发与生产，做到吃干榨净、绿色发展，柑橘便可以真正成为种植户的致富树。

希望我们的加工企业不要盲目发展，要结合自己的产品定位，寻求科技支撑，不断创新、持续发展，把产品做好、做精，做出特色、做大品牌，在柑橘加工产业中抢占一席之地。

作者简介

　　尹旭敏，重庆市农业科学院农产品加工研究所副研究员、重庆市科技特派员、果酒创新联盟特聘专家，主要从事果蔬发酵及副产物综合利用研究。近几年，主持及参加项目10余项，发表SCI论文2篇，中文核心论文20余篇，获得国家专利授权10余项。

　　在柑橘果酒、草莓果酒、桑椹果酒的工艺优化及产品的开发，柚子系列产品开发等方面开展了一系列研究，尤其以重庆塔罗科血橙为原料，对血橙酿造果酒工艺参数、澄清工艺、陈酿期果酒色泽的变化等进行了深入研究，成功开发出塔罗科血橙果酒产品1个，获国家发明专利（一种发酵型血橙果酒的制备方法，专利号：ZL 201410184038.9）1项。

　　专业特长：果蔬发酵及副产物综合利用研究。

新模式

乡村振兴背景下家庭农场休闲业态策划

重庆市农业科学院农业工程研究所　高冬梅

编者按

　　家庭农场是农业农村现代化高质量发展的生力军，也是休闲农业和乡村旅游发展的重要载体。在乡村振兴战略的大背景下，如何引导家庭农场融入休闲业态，促进一二三产业融合发展，是当前推动家庭农场高质量发展的难点。柑橘是全球也是中国最大的水果产业，橙、柑、橘、柚、柠檬、金柑、枸橼、佛手等都属于柑橘，生产上栽种的品种多达四五百个，大大小小、形形色色，通过品种搭配，甚至可以做到一季可观花、四季有鲜果、四时景不同，春夏之交有些品种更是花果同树，让人流连忘返，因此，柑橘除了本身有很高的经济价值外，它也是发展家庭农场休闲业态极具特色的题材。业主通过发展林下养殖、猪—沼—果循环农业、立体种植等高效种养模式，开展农事体验、鲜果采摘、林间餐饮、科普观光和亲子项目等主题活动，更可以有效提升果园的档次和效益。

　　本文作者高冬梅，为重庆市农业科学院农业工程研究所农业规划师，长期从事农业规划设计，主持参与了《重庆市农业农村科技教育创新发展"十四五"规划》《重庆云阳江口镇田园综合体总体规划》《重庆市南岸区放牛村市级乡村振兴示范村总体规划》《重庆市丰都县国家现代农业产业园发展规划（2020—2022年）及创建方案》《巴南区现代农业产业园总体规划（2020—2022年）》等各类规划项目70余项，她在网课《乡村振兴背景下家庭农场休闲业态策划》中分享了国内外优秀的家庭农场案例，结合长期以来从事农业规划的工作实践，提出休闲业态策划的相关建议，为家庭农场、专业合作社、农家乐、度假山庄等经营主体转型升级提供借鉴。

一、政策背景

家庭农场是现代农业的主要经营方式，在我国农业农村现代化进程中具有巨大的发展空间。党中央、国务院高度重视家庭农场培育发展，党的十九大提出了"乡村振兴战略"，要求农村发展多种形式适度规模经营，培育新型农业的经营主体。新型农业经营主体的主要形式是家庭农场和农民专业合作社。

2021年"中央一号文件"提出：开发休闲农业和乡村旅游精品线路，完善配套设施；突出抓好家庭农场和农民合作社两类经营主体，鼓励发展多种形式适度规模经营；实施家庭农场培育计划，把农业规模经营户培育成有活力的家庭农场。

1.1 家庭农场发展现状

近年来，全国家庭农场快速发展，生产经营规模化、标准化、集约化程度不断提高，经营效益稳步提升，整体呈现数量快速增长、发展质量不断提升、多元化程度不断提高的特点。

（1）数量快速增长。截至2021年4月底，全国家庭农场名录系统填报数量超过390万家，是2018年的6倍多，整体数量呈现快速增长的态势。

（2）发展质量不断提升。2018年底，全国家庭农场经营土地面积1.62亿亩，年销售农产品总值1946.2亿元，平均每个家庭农场收入32.4万元。

（3）多元化程度不断提高。家庭农场的经营范围逐步走向多元化，从粮经结合，到种养结合，再到种养加一体化，一二三产业融合发展，多个家庭农场进军休闲农业和乡村旅游。

1.2 家庭农场发展趋势

高质量发展家庭农场是贯彻落实党中央重大决策部署、促进乡村振兴提质增效的关键举措，也是推动农业高质量发展的生力军。当前家庭农场发展的政策体系和管理制度得到进一步完善，家庭农场数量稳步增加，规模化、集约化、组织化程度在逐步提高，同时，越来越多的家庭农场开始发展休闲农业、设施农业、智慧农业、电子商务等新产业新业态，逐步向集生产、度假、休闲、游学等一体化的方面发展。

表1　新型农业经营主体和服务主体培育发展主要指标

类型	指标名称	单位	2018年基期值	2022年指标值	指标属性
家庭农场	全国家庭农场数量	万家	60	100	预期性
	各级示范家庭农场数量	万家	8.3	10	预期性

摘自农业农村部《新型农业经营主体和服务主体高质量发展规划(2020—2022年)》。

1.3 休闲农业与乡村旅游发展态势

2019年国内旅游总收入达5.73万亿元，其中休闲农业和乡村旅游实现营业收入8500亿元，占比14.83%；整个旅游业接待人数60.06亿人次，其中休闲农业和乡村旅游接待人数32亿人次，占国内总旅游人数的53.28%。

表2　中国休闲农业与乡村旅游行业价格提升空间

指标	数据
2019年国内旅游业营业收入	5.73万亿元
2019年国内旅游业接待人数	60.06亿人次
2019年国内休闲农业和乡村旅游营业收入	0.85万亿元
2019年国内休闲农业和乡村旅游接待人数	32亿人次
2019年休闲农业和乡村旅游营业收入占总国内旅游业的比例	14.83%
2019年休闲农业和乡村旅游接待人数占总国内旅游业的比例	53.28%

资料来源：文化旅游部　前瞻产业研究院整理。

根据《全国乡村产业发展规划（2020—2025年）》，到2025年，农业多种功能和乡村多重价值深度发掘，年接待游客人数超过40亿人次，2019—2025年的平均复合增速将达到3.8%；经营收入超过1.2万亿元，2019—2025年的平均复合增速将达到5.9%。行业的收入平均复合增速大于接待人数的增速，未来5年我国休闲农业和乡村旅游将进入提质提量提价的阶段。

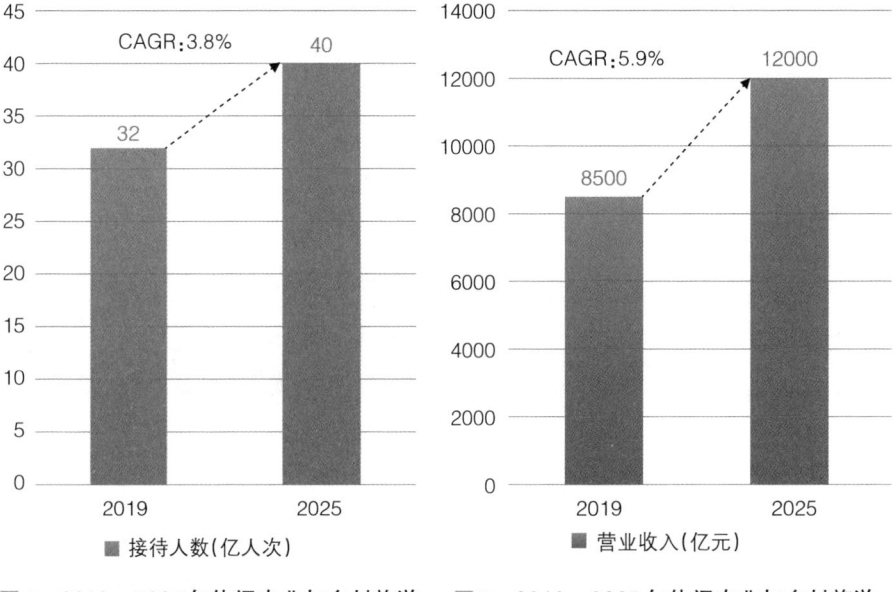

图1　2019—2025年休闲农业与乡村旅游行业接待人数预测（单位：亿人，%）

图2　2019—2025年休闲农业与乡村旅游行业营业收入预测（单位：亿元，%）

资料来源：文化旅游部 前瞻产业研究院整理

二、国内外家庭农场案例分析

2.1 德国休闲农场案例分析

德国是欧盟第二大农业生产国，近30万家农场中，超过90%为家庭农场，约7000多家家庭农场提供度假旅游项目。

德国家庭农场是农业的普遍形式，构成了德国农业的实体基础，是一种极富生命力的新型经营主体，基本实现了经营企业化、管理现代化和发展合作化。提供旅游业的家庭农场又被称为"休闲农庄"，德国休闲农庄的类型多种多样，有普通农庄、儿童体验农庄、参与型农庄、骑马农庄、酒庄、有机农场、水疗康体农场、度假农场、历史建筑农庄、果园农庄、鱼庄、农庄酒店、干草度假屋和酒店、山区小木屋等不同类型，一般德国农庄都同时具有以上几个特色农庄的称号。

德国家庭农场开展以度假为目的的经营，是为了补充产业方面的收入。因此更注重为游客提供的服务，其优势在于具有高的性价比和美丽的自然环境，同时，也希望为现代人展示传统的手工技艺及祖辈的生活、劳作方式，以及品酒或农庄体验游等活动，让游客寻找生活上的体验。

2.1.1 夏特柯尔假日农庄

图3 夏特柯尔假日农庄

图4 农庄木屋别墅

夏特柯尔假日农庄位于世界遗产莱茵河中上游河谷的中段高原，是莱茵河谷中段最大的休闲农庄，总面积160公顷。它的前身是一家家庭畜牧场，以养奶牛和生产奶制品为主。每年，政府每公顷补贴280欧元，加上生产加工的奶制品，每公顷收入达1000多欧元，整个农场每年收益为16万欧元。20年前，开始转型做度假农场，在这个家庭式经营的农场，拥有骑马中心、儿童区、水疗及美容中心、农场婚礼等区域，有14栋木屋别墅，60~70张床位，每年入住率达85%以上，年销售额达75万欧元。农庄的专职管理人员为5名家族成员。

图5　农庄儿童活动区、骑马中心

图6　农场婚礼区、水疗中心、烧烤区等活动区

图7 农场室外环境

2.1.2 卡尔斯草莓农庄

卡尔斯草莓农庄始建于1921年，是德国的一个百年家族品牌，集一产（草莓种植）、二产（草莓衍生品加工）与三产（农庄旅游）于一身，实现了一二三产的融合。在德国境内共有5家草莓主题农庄、4家大型草莓衍生产品超市及300多家草莓小屋，人流量达10000人/天，平均消费15欧元/人。是德国乃至欧洲经营最成功的家庭儿童体验式主题乐园之一，提供的众多游乐景点：孩子们的小农场、动物园、旋转木马、巨大的室内和室外游乐场都是游乐园成功的冒险之地。农场成立了家族企业：农庄本身的运营公司、旅游策划运营公司（外联）、草莓种植公司。

图8　卡尔斯草莓农庄室内外活动图

卡尔斯草莓农庄成功的秘诀，一是用一产突围，生产全德国最好的草莓，从诸多乡村中杀出重围。产业方面专注于种植高品质草莓，让全德国人都知道最好的草莓来源于北部的卡尔斯庄园；拥有约300公顷草莓种植园，年产量达5000吨，形成了德国最大的草莓生产商、供应商品牌；沿交通要道开设300多个草莓小屋，实现自产自销，每年5—10月草莓鲜果采摘期，仅草莓小屋每天的收益可达3万欧元。二是用三产扩大根据地，打造免费的草莓乐园品牌吸引游客。组建了专门的旅游公司——卡尔斯旅行有限责任公司，在休闲业态策划方面精准定位，以亲子家庭为主，打造了一个集餐饮、游乐园、酒店等多种业态于一体的草莓"迪士尼"。三是用二产包围城市，卡尔斯草莓衍生品全面进驻城市。组建专门负责草莓衍生品市场的公司——卡尔斯市场无限责任公司，通过卡尔斯草莓IP、卡尔斯超市——"乡村沃尔玛"、私人定制礼物等营销方式，制作独特的草莓衍生品吸引游客，逐步入驻城市，打造品牌。

2.2 日本休闲农场案例分析

日本耕地面积只占其国土面积的11.8%，占世界耕地总面积的0.3%，农业劳动力人均耕地仅为美国的1/37。人多地少及可耕种土地资源短缺，使得日本农业只能实行专业化集约经营，走"家庭式高品质农场"的模式。日本农业借助农业科技优势弥补资源短缺的劣势，通过高科技、高投入和高度集约化经营，推动较小规模家庭农场的精耕细作，提高土地生产率，形成土地节约型的家庭农场发展模式。日本家庭农场拥有的农地中，45%的土地由农地面积在5公顷以上的家庭农场经营；35%的土地由农地面积在10公顷以上的家庭农场经营；26%的土地由农地面积在20公顷以上的家庭农场经营。

21世纪初，日本政府提出了农业"六次产业化"发展战略。其核心思想是鼓励家庭农场或农户在从事第一产业（农业）的基础上，综合发展第二产业（农产品加工）和第三产业（农产品直销、饮食业、休闲农业等），形成集生产、加工、销售、服务一体化的三产融合全链条，并通过多种政策措施，推动农产品地产地消，使家庭农场或农户也能享受到农产品外溢的高附加值，提高家庭农场的综合收入。在"六次产业化"战略思想的指导下，日本涌现出一批成功的休闲农场案例值得学习借鉴。

265

2.2.1 富田农场

富田农场位于日本北海道富良野地区，为北海道最早的花田之一。农场规划12公顷，是一个私家农场。1958年开始栽培薰衣草，主要用作香料的原料。1976年富田农场的薰衣草花田由于在日本国铁的日历上被宣传而驰名全国。1980年开始生产独家配方的薰衣草精油。目前已成为北海道最著名的花卉农场，花卉种植品种已从最早单一的薰衣草逐步增加到一百五十多个品种，花季从每年4月一直延续到10月中旬。由于花季长、花田面积广阔，且颜色鲜艳，成为著名的旅游热点，吸引了大量游客前去观赏。整个农场包括：花人之田、倖之花田、彩色花田、传统薰衣草花田、春之彩色花田、秋之彩色花田、森林彩色花田、花人花园、森林之舍、慈母花园等室内外项目。

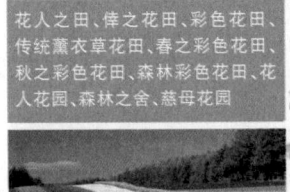

图9　富田农场室外花田及平面布局图

富田农场室外花田品种繁多、花期交错，从4月开始的藏红花，到5月的水仙、郁金香，6月的玫瑰、芍药、薰衣草，花期一直延续到8月下旬，不同品种、不同色彩交织，其规模化种植常形成视觉冲击力极强的大地景观，成为极具知名度的富田花海景观，吸引了大量的国内外游客。

除了观赏之外，富田农场还配备了体验感极强的观光小火车，带游客穿梭于花海之中；还设置了17个可供游人参观、购物、体验和娱乐的室内空间。

内设施空间

富田农场依托花　　　　　香水类、化妆品类、餐饮类、衣物类等20多类花卉衍生　　　　数多达200多种。例如：利用周边地区的名特产品，结合农场内部种植鲜花的各种花卉提取物，制作成薰衣草冰激凌、薰衣草弹珠汽水等富有农场及当地特色的甜点和美食，甚至制作成薰衣草蜂蜜布丁、薰衣草奶油泡芙、薰衣草可尔必思（Calpis）乳酸果冻等限定特制的甜点，供游客选择。产品售卖和餐饮极大地支撑了富田农场的经营和发展，其中，农场90%的盈利来源于商品售卖，10%来源于农场的餐饮经营。

图11　富田农场花卉衍生产品

从富田农场休闲业态成功的经验来看，从花卉种植、花卉观光到加工制作花卉相关产品，富田农场把单一的薰衣草种植延伸至整个花卉观光产业，构建了花卉的全产业链，是其成功的根本原因。富田农场通过花期交错解决了花卉观赏期短、季节性强的问题，延长了花卉的观赏期，也延长了农场吸引游客的时间；同时依托规模化花卉种植形成观赏效果极强的大地景观，生产与花卉相关的各类特色衍生产品，再通过免费的旅游观光，带动游客购物消费，使产品销售成为农场的主要盈利点之一；此外，合理的农场休闲业态规划，完善的旅游配套设施，为游客提供了丰富的购物、休闲、体验活动，进一步带动了农场的知名度。综合来看，富田农场打通了花卉种植、花卉观光、花卉产品加工制作的全链条，实现了一二三产的高度融合，通过休闲旅游将二三产业外溢的高附加值留在农场，提升了农场整体效益。

2.2.2 Mokumoku 农场

Mokumoku 农场位于日本三重县伊贺市郊区，是一座以"猪、自然、农业"为主题的农场，由农户养猪的经营联合体发展而成，已有30多年的历史。占地面积200亩，年访客数50万人，年收入54亿日元（约3.2亿人民币）。农场以亲子教育为出发点，以家庭、学生为主要需求群体，强调亲近自然及家庭温馨，是集农业观光、休闲度假、研发生产、加工制作、产品销售为一体的农业全产业链农场。

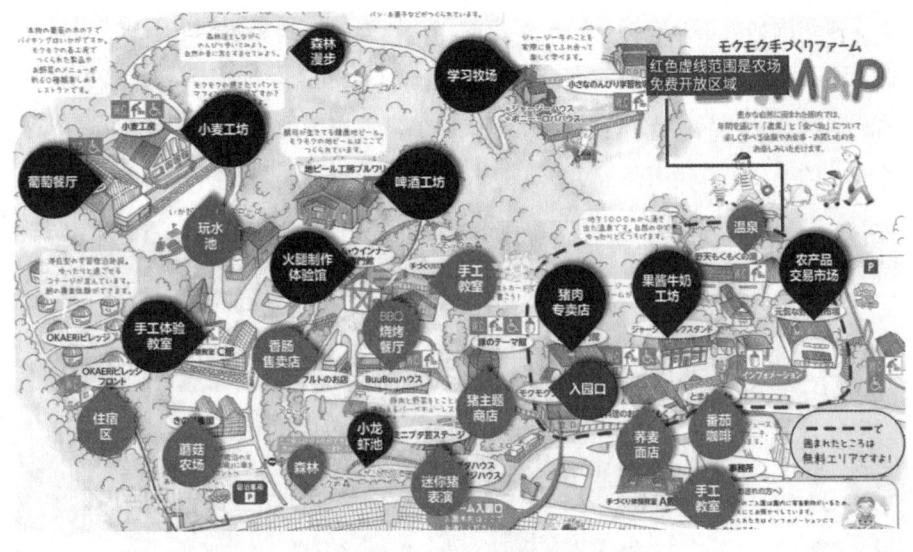

图12　Mokumoku农场平面布局图

农场主要分为餐饮区、住宿区、休闲娱乐区、购物区四大区域，分别提供观光游览、科普教育、产品展览、餐饮美食、休闲体验、商品购买、度假住宿等服务。

Mokumoku农场最大的特色在于：

（1）将产品加工铺包装成不同主题馆。农场抓住了游客的心理，将最新鲜的材料全部融合到自己的销售环节中，并将加工产品的店铺包装成各类主题馆。如猪主题馆、叉烧馆、香肠主题馆等，既售卖各种猪肉生产加工的商品，同时也吸引游客动手体验灌香肠、做叉烧包等活动，让游客融入其中。而当地养殖的猪肉则会在餐厅通过料理的方式直接让消费者品尝，牛奶工坊里也会展出和销售各种奶制产品。

图13　Mokumoku农场香肠主题馆

269

（2）亲子活动设计重视学习参与。以学习牧场项目为例，游客们除了观看包括牛、羊、矮脚马在内的各种动物外，小朋友们也可以在这里学习如何挤牛奶。从周一到周日，学习牧场都设置了不同的体验活动，比如喂食、挤奶、牧场工作等等活动项目，这对于没有农场生活经历的游客来说，是很有吸引力的活动，可以让小朋友们在玩的同时学习喂养知识。

图14　Mokumoku农场亲子活动

（3）农场注重外环境的景观细节设计。结合猪主题设计有趣的标识，园区的标识都是以可爱的卡通猪为主题，通俗易懂，十分可爱。园区内随处可见带有小猪形象的各种衍生产品，不仅成为了纪念品和伴手礼，也成为园区品牌宣传的一种途径。拥有干净整洁的环境，虽然Mokumoku农场是以养殖为重点的生产性农场，但环境干净整洁，空气中也没有很大的异味，孩子们可以在农场中尽情地玩耍。

图15　Mokumoku农场室外标识、衍生品及外环境

（4）通过观光农业、农产品销售、直营餐厅将一二三产高度融合。Mokumoku农场主业主要是观光体验、农产品销售和直营餐厅，农产品销售和直营餐厅是农场稳定的收入来源。农产品销售主要是通过农场自营的市场和网络销售，直营餐厅除农场外，还在东京、大阪、名古屋等城市开辟了以"健康"为主题的餐厅。

图16　Mokumoku农场直营餐厅

总结Mokumoku农场的成功经验来看，清晰的主题定位是其成功的基础。

Mokumoku农场以亲子教育为出发点，确定亲子家庭为目标客户群体，提出"自然、农业、猪"的主题定位，精准地抓住了客户群体的需求，再结合有机产品+工坊式生产+观光旅游体验+智慧性运营模式，最终打造了一个年产值54亿日元的火爆农场。其次，明确的功能分区、统一的风格风貌是农场成功的外在因素。Mokumoku农场四大区域集观光游览、亲子科普教育、产品展览、餐饮美食、休闲体验、商品购买、度假住宿等服务功能于一体，满足了游客吃、住、行、游、购、娱每个环节的需求。农场从场景到细节、产品到体验以及餐饮美食，风格上无不体现卡通猪的可爱形象，统一可爱的主题农场风貌为Mokumoku农场赢得了游客的疯狂喜爱。第三，场景体验式销售及丰富的亲子体验活动是农场持续发展的内生动力。Mokumoku农场重视亲子活动设计，通过学习牧场和各类DIY工坊，将销售加工猪肉产品的店铺包装成各类主题馆，如叉烧馆、香肠主题馆等，巧妙地将生产、加工、销售与观光体验结合起来，创造了场景体验式销售模式，激发了游客体验、消费的兴趣，形成了一个循环的商业模式，为农场带来了高额利润。最后，构建全产业链延伸价值链是农场成功的根本原因。Mokumoku农场在生猪养殖为主导产业的基础上，深挖加工销售的各个环节，并将其嫁接到旅游体验活动中，衍生特色旅游产品，形成了以猪为主题的闭环运行的全产业链条，实现了与乡村旅游的无缝对接。

271

2.3 国内休闲农场案例分析

前小桔创意农场

前小桔创意农场，是以柑橘为主题的创意体验农场，位于上海市崇明县长兴岛郊野公园的西入口。农场秉承"环保、创意、乐学、科技"的理念，以"真好吃、真好看、真好玩"为定位，打造集柑橘产、研、创、销、教、游六位一体全产业链的农业休闲体验乐园。农场总占地面积360亩，拥有创意桔园、柑橘科研示范基地、网络桔园三大产业平台，建有桔乐园、亲子园、桔林下、桔品园、桔林上、桔创园六大主题园，旨在打造精品柑橘的基础上，推动柑橘科技、文化、创意的创新发展。

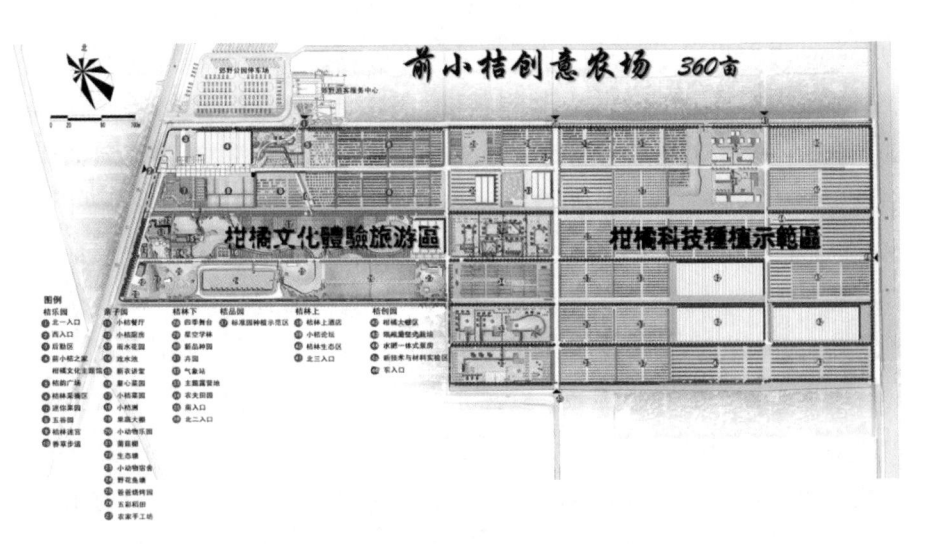

图17　前小桔创意农场平面布局图

　　前小桔创意农场在发展柑橘主导产业的基础上，融入了自然教育、亲子体验、养生养老、文化创意等多种业态。农场围绕"真好吃、真好看、真好玩"，将一二三产业深入融合。

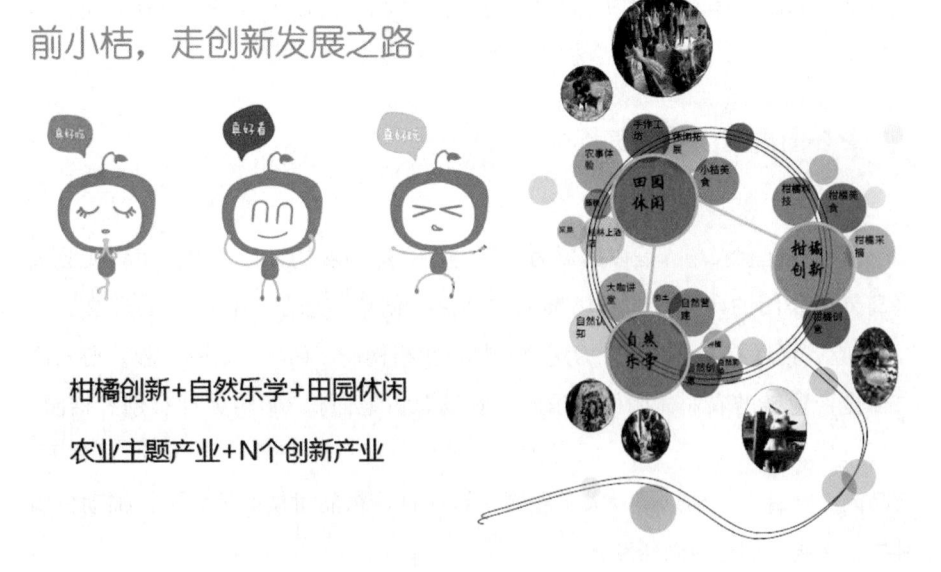

图18　前小桔创意农场休闲业态

农场特色：

（1）通过一产打基础，以"种最好吃的橘子"树立品牌。前小桔借鉴国内外柑橘生产种植经验，以种最好吃的橘子为目标，引进新品种，建立柑橘种植科技样板区。通过对柑橘的精细化生产、精细化管理、精细化营销及品牌化运营，改变传统柑橘单一生产鲜果的模式，走柑橘鲜果、柑橘衍生品和柑橘文化体验三位一体相结合的复合之路，精心打造柑橘"产、学、研、游、创、教"六位一体产业链，树立上海柑橘品牌。

（2）通过精深加工开发衍生产品，引入IP塑造柑橘文创品牌。前小桔创意农场重视柑橘精深加工，开发如柑普茶系列、柑橘饮品系列、柑橘休闲食品等衍生产品，打造柑橘主题美食餐饮"橘宴"。围绕柑橘产品，设计IP卡通形象，建立前小桔品牌卡通文化系统，通过书籍、影视、动画，赋予柑橘衍生品特色鲜明的品牌形象，从而树立自身文创品牌。

图19　前小橘创意农场衍生产品

（3）以亲子体验为主题营造田园梦想。前小桔创意农场秉承"环保、创意、乐学、科技"的理念，以亲子体验为主题，设置农业休闲体验、生态研学、亲子体验等全龄体验项目，有农事劳作体验、DIY活动、乡村田间游戏、原汁原味的绿色美食，有以培养孩子环保意识和爱心为主题的生态认知、环保实践和小动物乐园，以自然启迪孩子为主题的自然绘画、手工创造课堂，以科技为主题的扑翼飞机和航模，以及以创意为主题的稻草人部落、田园积木创意比拼等"全季候、全时段"的主题体验活动，打造了"真好吃、真好看、真好玩"的柑橘儿童乐园，为亲子家庭营造了真正的田园梦想。

养智 — 启迪智慧 提升心智 · 自然静修

养性 — 修心养性 文化修养 感恩分享 · 文化承修 · 文化分享 · 志愿者活动

养趣 — 农事体验 自然探索 自然创造 养生文化 · 农事体验（春耕、夏耘、秋收）· 我的菜园、农夫市集 · 自然创意DIY · 花道、茶道、国学（文化演示、课程）

养知 — 自然博物 生态知识 农业知识 自然农法 · 自然博物认知 · 生态知识科普、农业知识科普、农耕文化讲座/培训 · 自然农法科普/展示/交流/论坛农科专业培训 · 中小学自然实践调程、机构自然课程

养身 — 自然休闲 户外拓展 膳食调理 康体疗愈 · 户外运动、户外休闲、户外游戏 · 田园徒步、野趣露营 · 食疗、养生康疗 · 美食餐饮、绿色农产、健康轻食、特色商品 · 生态住宿

自然田园 — 田、园、林、地、塘、溪

绿色农业 — 自然农法、绿色农产、珍奇品种

文化资源 — 食疗、茶道、花道

灵 心 身

蔬菜收获 "春田画花"大家齐动手 作物艺术 "一亩布"漂流活动——四叶草堂合作

图20 前小桔创意农场亲子活动

前小桔创意农场深耕柑橘产业，通过精细化的生产、管理、营销及品牌化运营，将科技创新与文化创意相结合，使柑橘产业从生产、加工、销售到品牌化运营，走出一条融合科技和创意的可持续发展道路。同时，在一产发展基础上，融入了自然教育、亲子体验、养生养老、文化创意等多种业态，打造舒适惬意的桔餐厅、灵动创意的前小桔之家、内容丰富文化深厚的柑橘主题展馆，

及田园农事体验、田园创意活动、田园生态课堂等各类互动体验项目，走出一条融合"产、学、研、游、创、教"一体化的创新之路，真正意义上改变了柑橘单一生产鲜果的农场模式，实现了柑橘种植、鲜果售卖、柑橘衍生品和柑橘文化体验四位一体的深度融合。

三、休闲业态策划建议

策划家庭农场休闲业态，需要寻找产业基底，挖掘特色价值，打造主题定位，然后才能根据主题定位植入适合的休闲业态，开发系列衍生产品。在规划阶段，从"以原产地品牌为抓手，全面提升产业发展高度；以文化内涵为抓手，全面拓展相关外延产业链；以'原生境'为原则，全面展现产业风貌特色"三个维度出发，提出家庭农场休闲业态策划建议。

3.1 提升产业整体高度

提升产业整体高度，首先需要有明确的主题定位，围绕主题定位策划一系列休闲项目，同时结合主导产业打造原产地品牌，全面提升家庭农场的产业发展高度。

3.1.1 什么是主题定位？

主题是农场的灵魂，是给消费者造梦。农场主题化就是给消费者造梦——给消费者一个来的理由，让消费者记住你。明确的主题是打造农场品牌的前提。定位则是确定农场在市场环境中的位置，是明确农场的层级及档次。

对于大多数家庭农场来说，合理的主题定位来源于本身的"优势资源"和目前的"市场需求"两大核心要素，是取得两者之间的"平衡点"。清晰的主题定位有很强的品牌标签感，让消费者脑海中产生联想与画面。如：提到多利农场，首先想到的是生产有机蔬菜；日本"鸡蛋庵"直卖店定位"朝取鸡蛋"，只配送早晨8:00以前的鸡蛋，给消费者的画面是最新鲜的鸡蛋；再比如，田妈妈农乐园，定位为2~7岁宝宝的健康农业成长乐园。类似这些案例都是通过清晰的主题定位让农场有了强烈的品牌标签感。

图21 主题定位

3.1.2 如何找到主题定位?

首先要明确家庭农场确定主题定位的原则,即要遵循清晰准确、有前瞻性且不能轻易更换的原则;其次要明确定位的出发点是为了能满足消费者的需求,定位的目的是为了产生差异性、胜出竞争,定位的实质在于聚焦。

策划中确定主题定位常通过SWOT分析、目标人群的分析、市场化思维等手段。SWOT分析即通过对农场自身优势、劣势及面临的机遇和挑战的分析,明确农场"有什么""缺什么""能做什么",即本身的优势资源、存在的问题及市场地位等;在SWOT分析的基础上,再分析市场需求,也就是目标人群的需求,明确农场能服务的人群,目标人群分析是主题化的前提;确定农场的目标人群后,对其需求进行深入分析,再用市场化的思维确定农场主题定位;确定好主题定位后,紧紧围绕主题设置一系列的休闲业态及项目。

以昆虫为主题的科普教育基地

图22　成功的主题农场案例

　　成功的农场主题定位案例，如中国台湾的薰衣草森林，以青年人为目标客群，主打符合年轻人的爱情主题，产业选择上以薰衣草种植为主，延伸薰衣草浪漫爱情情怀的文化内涵，设计系列休闲度假产品，打造吸引青年人的爱情主题农场；喜观昆虫王国，以青少年为目标人群，以昆虫为主题，延伸昆虫激发童趣的文化内涵，以吸引小朋友探索大自然奥秘为主，植入科普、教育等业态，设计系列昆虫主题产品，打造青少年科普教育基地。

277

3.1.3 避免主题定位陷阱

　　确定主题定位的过程中，常常因为想法过多，容易造成定位模糊不清、大而泛、多而繁的问题。如常有规划将农场定位为：城市远郊休闲目的地/家庭休闲度假目的地，或以养生度假为核心的山水人文度假区、景村合一生态文化综合体/农业综合休闲庄园等等，这类型定位放之四海而皆准，定位模糊不鲜明，没有体现出农场自身的特点。还有诸如首个/最大的/最具特色的有机农场、有机主题/休闲氛围/体验引领/高端享受，或宜居宜业宜游的乡村旅游度假地（建筑文化+宗亲文化+民俗文化+农耕文化）等等定位，均是大而泛、多而繁，没有体现出农场独特的特色。在确定主题定位时，诸如此类定位都是需要避开的。

3.2 拓展产业内涵外延

　　在明确主题定位，打造品牌标签，提升产业发展高度的基础上，以文化内涵为抓手，全面拓展产业的外延链条。比如德国吕贝克卡尔斯草莓农场，明确了以亲子家庭为主的草莓"迪士尼"主题定位后，围绕草莓及亲子家庭，引入草莓IP塑造品牌形象，衍生出了草莓果酱、面包、糖果、酒、衣服、杯子、玩具以及私人定制等各种各样的产品和服务，实现了一二三产业的深度融合，打造了德国乃至欧洲经营最成功的家庭儿童体验式主题乐园。日本的富田农场和Mokumoku农场，同样围绕着明确的主题定位，衍生了种类繁多的产品及特色体验场景，真正形成了园区内的产业链闭环。

针对家庭农场休闲业态策划，建议聚焦主题设置功能区、策划盈利项目，改变目前国内家庭农场以餐饮、住宿、采摘、垂钓等接待类产品为主的"正金字塔"模式，实现衍生产品为主的"倒金字塔"盈利模式。

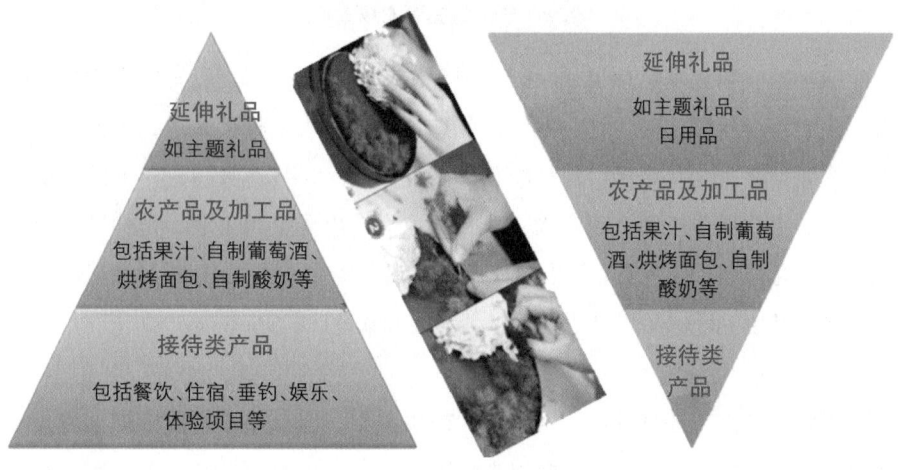

图23　家庭农场休闲业态盈利模式

3.3 展现产业风貌特色

明确的主题定位，强烈的IP品牌标签，完善的产业链闭环，是家庭农场实现盈利的终极追求。而"高颜值"的外环境则是家庭农场强有利的宣传标签，干净、整洁、有特色的环境风貌是家庭农场休闲业态策划中不可或缺的一个重要环节。如：台湾薰衣草森林营造出温馨浪漫的外环境，极受年轻人追捧；Mokumoku农场小巧可爱的农场整体风貌，受到小朋友的喜爱；台湾清境农场干净舒适的外环境，吸引了大量的高端度假人群。

279

图24 "高颜值"家庭农场环境设计

　　备注：图9—16来源于网络资料，图17—20、图22来源于上海休闲农业研讨会相关资料，图23来源于四川休闲农业与乡村综合体研讨会相关资料。

作者简介

高冬梅，重庆市农业科学院农业工程研究所农业规划师。长期从事农业规划设计，主持参与了《重庆市农业农村科技教育创新发展"十四五"规划》《重庆云阳江口镇田园综合体总体规划》《重庆市南岸区放牛村市级乡村振兴示范村总体规划》《重庆市丰都县国家现代农业产业园发展规划（2020—2022年）及创建方案》《巴南区现代农业产业园总体规划（2020—2022年）》等各类规划项目70余项；主持省部级、委局级科技项目4项，主研国家级项目1项、省部级/委局级科技项目11项，发表研究论文10余篇；获发明专利2项、实用新型专利1项、重庆市科学技术成果2项；荣获全国优秀咨询成果奖三等奖1项，重庆市优秀咨询成果奖二等奖1项、三等奖2项，中国最具特色规划设计奖一等奖1项。